水利水电施工技术及其安全管理

周杰　陈杰　蒋燕华◎著

中国出版集团
中译出版社

图书在版编目（CIP）数据

水利水电施工技术及其安全管理 / 周杰，陈杰，蒋燕华著. -- 北京：中译出版社，2023. 12

ISBN 978-7-5001-7671-8

Ⅰ. ①水… Ⅱ. ①周… ②陈… ③蒋… Ⅲ. ①水利水电工程－工程施工－研究②水利水电工程－安全管理－研究 Ⅳ. ①TV5

中国国家版本馆CIP数据核字（2024）第009312号

水利水电施工技术及其安全管理
SHUILI SHUIDIAN SHIGONG JISHU JIQI ANQUAN GUANLI

著　　者：周　杰　陈　杰　蒋燕华
策划编辑：于　宇
责任编辑：于　宇
文字编辑：田玉肖
营销编辑：马　萱　钟筏童
出版发行：中译出版社
地　　址：北京市西城区新街口外大街 28 号 102 号楼 4 层
电　　话：（010）68002494（编辑部）
邮　　编：100088
电子邮箱：book@ctph.com.cn
网　　址：http://www.ctph.com.cn

印　　刷：北京四海锦诚印刷技术有限公司
经　　销：新华书店
规　　格：787 mm × 1092 mm　1/16
印　　张：12.5
字　　数：245 千字
版　　次：2024 年 7 月第 1 版
印　　次：2024 年 7 月第 1 次印刷

ISBN 978-7-5001-7671-8　　　定价：68.00 元

中　译　出　版　社

前言

水利水电工程的发展为我国社会主义社会建设与和谐社会的构建提供了重要的支持，在兴利除害的同时也为社会发展带来了经济效益、生态效益。与一般的土木工程建设项目相比，水利水电工程的施工建设受地质地形、气候水文的限制比较大，具有很强的针对性，在施工操作中要综合考虑各方面的因素。我国各项技术工程建设规模正在不断扩大，水利水电工程作为我国民生建设项目的重要组成部分，对整个社会经济的发展以及人们的日常生活质量都起到了关键性的作用，因此要不断推动我国水利水电工程朝更高的目标发展。

随着国家对水利基建项目投资不断加大，水利建筑企业不断增加，一方面施工工艺从传统的手工操作向机械化、专业化发展，新技术、新工艺、新设备、新材料的大量采用，提高了生产效率和工程质量，但另一方面也带来施工作业人员安全操作技能、安全意识的不足，安全管理人员经验不足和施工现场作业环境的变化，安全隐患种类和数量增多，从而导致安全事故数量和规模呈现上升势头。从国外建设安全管理研究现状和发展趋势来看，基本上确立了危险源辨识、风险评价和风险控制在安全管理中的核心地位，在国内虽然已经进行了这方面的研究，但不够系统，而且在实际操作与应用中还只是进行定性的安全风险管理。

本书主要研究水利水电施工技术及其安全管理，从水利水电工程基础介绍入手，针对水利水电工程爆破技术、土石方工程施工机械技术以及水利水电工程施工安全生产技术进行了分析研究，另外对水利水电施工项目投标与合同管理、水利水电施工项目准备与成本管理及水利水电设计、信息与安全风险管理做了一定的介绍。本书旨在摸索出一条适合现代水利水电施工技术及其安全管理的科学道路，帮助其工作者在应用中少走弯路，运用科学方法，提高效率，对水利水电施工技术及其安全管理有一定的借鉴意义。

由于作者水平有限，书中难免会出现不足之处，希望各位读者和专家能够提出宝贵意见，以待进一步改进，使之更加完善。

作　者
2023 年 10 月

目 录

第一章 水利水电工程规划建设

第一节 水资源与水利工程

一、水资源

根据世界气象组织和联合国教科文组织的《国际水文学名词术语》(*International Glossary of Hydrology*)中有关水资源的定义，水资源是指可资利用或有可能被利用的水源，这个水源应具有足够的数量和合适的质量，并满足某一地方在一段时间内具体利用的需求。

根据全国科学技术名词审定委员会公布的水利科技名词中有关水资源的定义，水资源是指地球上具有一定数量和可用质量、能从自然界获得补充并可资利用的水。

(一) 水资源分布现状

1. 世界水资源

地球表面的72%被水覆盖，但淡水资源仅占所有水资源的2.5%，近70%的淡水固定在南极和格陵兰的冰层中，其余多为土壤水分或深层地下水，不能被人类利用。地球上只有不到1%的淡水或约0.007%的水可被人类直接利用，而中国人均淡水资源只占世界人均淡水资源的1/4。

地球的储水量是很丰富的，共有14.5亿立方千米之多。地球上的水，尽管数量巨大，而能直接被人们生产和生活利用的却非常少。第一，海水又咸又苦，不能饮用，不能浇地，也难以用于工业。第二，地球的淡水资源仅占其总水量的2.5%，而在这极少的淡水资源中，又有70%以上被冻结在南极和北极的冰盖中，加上高山冰川和永冻积雪，有87%的淡水资源难以利用。人类真正能够利用的淡水资源是江河湖泊和地下水中的一部分，约占地球总水量的0.26%。全球淡水资源不仅短缺而且地区分布极不平衡。按地区分布，巴西、俄罗斯、加拿大、美国、印度尼西亚、中国、印度、哥伦比亚和刚果 9 个国家的淡水资源占世界淡水资源的 60%。

2. 中国水资源

中国水资源总量为 2. 8 万亿立方米，居世界第 6 位。由于人口众多，人均水资源占有量仅为 2100 立方米左右，为世界人均水平的 28%。而且，中国属于季风气候，水资源时空分布不均匀，南北自然环境差异大，其中北方 9 个省份，人均水资源不到 500 立方米，实属水少地区，特别是城市人口剧增，生态环境恶化，工农业用水技术落后，浪费严重，水源污染，更使原本贫乏的水“雪上加霜”，成为国家经济建设发展的瓶颈。全国 600 多个城市中，已有 400 多个城市存在供水不足问题，其中，缺水比较严重的城市达 110 个，全国城市缺水总量为 60 亿立方米。

据监测，当前，全国多数城市地下水受到一定程度的点状和面状污染，而且有逐年加重的趋势。日趋严重的水污染不仅降低了水体的使用功能，也进一步加剧了水资源短缺的矛盾，对我国正在实施的可持续发展战略带来了严重影响，严重威胁到城市居民的饮水安全和人民群众的健康。

据水利部预测，2030 年中国人口将达到 16 亿，届时人均水资源量仅有 1 750 立方米。在充分考虑节水的情况下，预计用水总量为 7 000 亿至 8 000 亿立方米，要求供水能力比当前增长 1 300 亿至 2 300 亿立方米，全国实际可利用水资源量接近合理利用水量上限，而且水资源开发难度极大。

中国水资源总量少于巴西、俄罗斯、加拿大、美国和印度尼西亚，居世界第 6 位。若按人均水资源占有量这一指标来衡量，则仅占世界平均水平的 1/4，排名在第 110 名之后。缺水状况在中国普遍存在，而且有不断加剧的趋势。

（二）水资源开发和利用

水资源开发利用是改造自然、利用自然的一个方面，其目的是发展社会经济。最初开发利用目标比较单一，以需定供。随着工农业不断发展，逐渐变为多目的、综合、以供定用、有计划且有控制地开发利用。当前，各国都强调在开发利用水资源时，必须考虑经济效益、社会效益和环境效益三方面。

水资源开发利用的内容很广，诸如农业灌溉、工业用水、生活用水、水能、航运、港口运输、淡水养殖、城市建设、旅游、防洪、防涝等。但是在对水资源的开发利用中，仍然有一些亟待解决的问题。例如，大流域调水是否会导致严重的生态失调？森林对保护水资源的作用到底有多大？大量利用南极冰会不会导致世界未来气候发生重大变化？此外，全球气候变化和冰川进退对未来水资源有什么影响？这些都是今后有待探索的一系列问题。它们对未来人类合理开发利用水资源具有深远的意义。

二、水利工程

水利工程是用于控制和调配自然界的地表水和地下水，从而达到除害兴利目的而修建的工程，也称为水工程。水是人类生产和生活必不可少的宝贵资源，但其自然存在的状态并不完全符合人类的需要。只有修建水利工程，才能控制水流，防止洪涝灾害，并进行水量的调节和分配，以满足人民生活和生产对水资源的需要。水利工程要修建坝、堤、溢洪道、水闸、进水口、渠道、渡槽、筏道、鱼道等不同类型的水工建筑物，以实现其目标。

（一）分类

水利工程按目的或服务对象可分为：防止洪水灾害的防洪工程；防止旱、涝、渍灾为农业生产服务的农田水利工程，或称灌溉和排水工程；将水能转化为电能的水力发电工程；改善和创建航运条件的航道和港口工程；为工业和生活用水服务，并处理和排除污水、雨水的城镇供水和排水工程；防止水土流失和水质污染，维护生态平衡的水土保持工程和环境水利工程；保护和增进渔业生产的渔业水利工程；围海造田，满足工农业生产或交通运输需要的海涂围垦工程等。一项水利工程同时为防洪、灌溉、发电、航运等多种目标服务的，称为综合利用水利工程。

蓄水工程指水库和塘坝（不包括专为引水、提水工程修建的调节水库），按大、中、小型水库和塘坝分别统计。

引水工程指从河道、湖泊等地表水体自流引水的工程（不包括从蓄水、提水工程中引水的工程），按大、中、小型规模分别统计。

提水工程指利用扬水泵站从河道、湖泊等地表水体提水的工程（不包括从蓄水、引水工程中提水的工程），按大、中、小型规模分别统计。

调水工程指水资源一级区或独立流域之间的跨流域调水工程，蓄、引、提工程中均不包括调水工程的配套工程。

地下水源工程指利用地下水的水井工程，按浅层地下水和深层承压水分别统计。

（二）组成

无论是治理水害还是开发水利，都要通过一定数量的水工建筑物来实现。按照功用，水工建筑物大体分为3类：挡水建筑物、泄水建筑物以及专门水工建筑物。由若干座水工建筑物组成的集合体称水利枢纽。

1. 挡水建筑物

挡水建筑物是阻挡或拦束水流或调节上游水位的建筑物，一般横跨河道的称为坝，沿水流方向在河道两侧修筑的称为堤。坝是形成水库的关键性工程。近代修建的坝，大多数采用当地土石料填筑的土石坝或用混凝土灌筑的重力坝，它依靠坝体自身的重量维持坝的稳定。当河谷狭窄时，可采用平面上呈弧线的拱坝。在缺乏足够筑坝材料时，可采用钢筋混凝土的轻型坝（俗称支墩坝），但它抵抗地震作用的能力和耐久性都较差。砌石坝是一种古老的坝，不易机械化施工，主要用于中小型工程。大坝设计中要解决的主要问题是坝体抵抗滑动或倾覆的稳定性、防止坝体自身的破裂和渗漏。土石坝或沙、土地基，在防止渗流引起的土颗粒移动破坏（即所谓“管涌”和“流土”）中占有更重要的地位。在地震区建坝时，还要注意坝体或地基中浸水饱和的无黏性沙料在地震发生时突然消失而引起滑动的可能性，即所谓“液化现象”。

2. 泄水建筑物

泄水建筑物是能从水库安全可靠地放泄多余或所需水量的建筑物。历史上曾有不少土石坝，因洪水超过水库容量而漫顶造成溃坝。为保证土石坝的安全，必须在水利枢纽中设河岸溢洪道，一旦水库水位超过规定水位，多余水量将经由溢洪道泄出。混凝土坝有较强的抗冲刷能力，可利用坝体过水泄洪，称溢流坝。修建泄水建筑物，关键是要解决好消能、防蚀和抗磨问题。泄出的水流一般具有较大的动能和冲刷力，为保证下游安全，常利用水流内部的撞击和摩擦消除能量，如水跃或挑流消能等。当流速大于 10~15m/s 时，泄水建筑物中行水部分的某些不规则地段可能出现所谓的空蚀破坏，即由高速水流在临近边壁处出现的真空穴所造成的破坏。防止空蚀的主要方法是尽量采用流线型体形，提高压力或降低流速，采用高强材料以及向局部地区通气等。多泥沙河流或当水中夹带有石渣时，还必须解决抵抗磨损的问题。

3. 专门水工建筑物

除上述两类常见的一般性建筑物外，还有一些是为某一专门目的或为完成某一特定任务所设的。渠道是输水建筑物，多数用于灌溉和引水工程。当遇高山挡路，可盘山绕行或开凿输水隧洞穿过；如与河、沟相交，则须设渡槽或倒虹吸，此外还有同桥梁、涵洞等交叉的建筑物。水力发电站枢纽按其厂房位置和引水方式有河床式、坝后式、引水道式和地下式等。水电站建筑物主要有集中水位落差的引水系统，防止突然停车时产生过大水击压力的调压系统，水电站厂房以及尾水系统等。通过水电站建筑物的流速一般较小，但这些建筑物往往承受着较大的水压力，因此，许多部位要用钢结构。水库建成后大坝会阻拦船只、木筏、竹筏以及鱼类洄游等的原有通路，对航运和养殖的影响较大。因此，应专门修建过船、过筏、过鱼的船闸、筏道和鱼道。这些建筑物具有较强的地方性，修建前要做专门研究。

（三）特点

1. 很强的系统性和综合性

单项水利工程是同一流域、同一地区内各项水利工程的有机组成部分，这些工程既相辅相成，又相互制约；单项水利工程自身往往是综合性的，各服务目标之间既紧密联系，又相互矛盾。水利工程和国民经济的其他部门也是紧密相关的。规划设计水利工程必须从全局出发，系统地、综合地进行分析研究，才能得到最经济合理的优化方案。

2. 对环境有很大影响

水利工程不仅通过其建设任务对所在地区的经济和社会产生影响，而且对江河、湖泊以及附近地区的自然面貌、生态环境、自然景观，甚至是区域气候，都将产生不同程度的影响。这种影响有利有弊，规划设计时必须对这种影响进行充分估计，努力发挥水利工程的积极作用，消除其消极影响。

3. 工作条件复杂

水利工程中各种水工建筑物都是在难以确切把握的气象、水文、地质等自然条件下进行施工和运行的，它们又多承受水的推力、浮力、渗透力、冲刷力等的作用，工作条件较其他建筑物更为复杂。

4. 效益具有随机性

水利工程的效益具有随机性，根据每年水文状况不同而效益不同，农田水利工程还与气象条件的变化有密切联系。

5. 要按照基本建设程序和有关标准进行

水利工程一般规模大，技术复杂，工期较长，投资多，兴建时必须按照基本建设程序和有关标准进行。

三、水利水电工程

（一）水利水电工程简介

水利水电工程按工程作用分为水利工程和水电工程，通常由挡水建筑物、泄水建筑物、水电站建筑物、取水建筑物和通航建筑物构成。较为常见的水利枢纽是以发电为主，同时具有灌溉、供水、通航的功能，实际可以按照具体工程的特性，选取以上几种或全部水工建筑物构成水利枢纽。

水力发电是通过人工的方式升高水位或将水从高处引到低处，从而借助水流的动力带动发电机发电，再通过电网进入到千家万户。水力发电具有可再生、污染小、费用低等特点，同时还可以起到改善河流通航、控制洪水、提供灌溉等作用，促进当地经济的快速发展。

（二）水利水电工程施工特点

水利水电工程项目自身施工的特点决定了其建设方法有别于一般的工程项目施工，具体的施工特点包括以下几个方面：

水利水电工程项目大部分都是在远离城市的偏远山区，交通十分不便利，且离工厂较远，造成施工材料、机械设备的采购难度较大，成本增加。所以，对于施工中的基础原材料，如砂石料、水泥等通常采用在工程项目施工的当地建厂生产的方法。

在水利水电工程建设过程中，涉及危险作业很多，例如爆破开挖、高处作业、洞室开挖、水下作业等，存在的安全隐患很大。

水利水电工程的建设选址一般在水利资源比较丰富的地方，通常是在山谷河流之中，这样施工就会容易受到地质、地形、气象、水文等自然因素的影响。在工程建设的过程中要控制的主要因素包括：施工导流、围堰填筑和主体结构施工。

通常水利水电工程项目的工程量大、环境因素强、技术种类多、劳动强度大，因此，在施工参与人员、设备、选材等方面都要求较高的专项性，施工方案也应该在施工的过程中不断地修改与完善。

四、21 世纪水利水电工程建设展望

修建水利水电工程能够在认识自然规律的基础上，借助自然条件和工程技术更好地开发水资源和水能资源，起到防洪抗旱、改善人类生存环境和生存条件的作用。水利水电工程对河流洪水径流的调控作用以及在人类经济社会发展中的重要功能不言而喻，而水库大坝也存在一些负面的影响和作用。最明显的是对河流生态环境的深层次影响，这就要进行深入研究，运用先进的科学技术和方法，通过水库优化管理和调度，使人与自然和谐相处，并化解用水区域之间的矛盾：既能使水库大坝最大限度地造福于人类，又能最大限度地减轻不利影响。因此，水库大坝建设是解决水资源问题和当前可再生能源发展问题的必

然选择。

中国地理位置的特殊性、地形地貌的复杂性、气候条件的季风性以及人多地少的矛盾，使得水资源和水能资源开发利用难度较大，加之经济社会的快速发展和生态环境建设对资源开发的要求愈来愈高，水利水电工程建设面临诸多问题和挑战。与世界上许多自然条件较优越的国家相比，中国水资源问题和水电开发的困难更为突出。因此，必须在转变经济发展方式、实行节地节水节能工作的基础上，科学规划、深入研究论证、合理开发和保护利用水资源及水能资源，不断提高资源利用效率和效益，实现水库大坝与经济社会和谐发展，以水资源和水能资源的可持续利用，支撑经济社会的可持续发展。

第二节 水利水电工程项目管理模式及发展

一、我国工程项目管理模式

（一）我国当前工程项目管理体制

改革开放以后，基本建设领域为了适应不断发展而出现的新情况，也相应进行改革并推出了一系列新的举措，通过推行三项制度（项目法人责任制、招标投标制、建设监理制），形成了以国家宏观监督调控为主导，项目法人责任制为核心，招标投标制和建设监理制为服务体系的工程项目管理体制的基本格局；出现了以项目法人为主体的工程招标发包体系，以设计、施工和材料设备供应单位为主体的投标承包体系，以及以建设监理单位为主体的中介服务体系等市场三元体。三者之间以经济为纽带，以合同为依据，相互监督，相互制约，形成了工程项目组织管理体制的新模式，彻底改变了我国以往以政府投资为主、以指令性投资计划为基础的直接管理型模式，转变为以企业投资为主、政府宏观控制引导和以投资主体自主决策、风险自负为基础的市场调节资本配置机制。这项改革使得项目法人责任制和项目投资风险约束机制得到强化，使项目和企业融为一体。

1. 项目法人责任制

项目法人责任制在我国的推行与实施是发展社会主义市场经济过程中所采取的一项具有战略意义的重大改革措施，这种制度的实施有利于我国转换项目建设与经营体制，提高投资效益，并有助于在项目建设与经营全过程中运用现代企业制度进行管理，在项目管理模式上实现与国际标准的接轨。项目法人责任制在我国工程项目管理改革史中具有里程碑的意义。

2. 招标投标制

在旧的计划经济体制下，我国工程项目管理体制的一个极大的弊端是政府按投资计划采用行政手段分配工程建设任务，而设计、施工和设备材料供应单位靠行政手段获取建设任务，缺乏必要的竞争机制和经济约束机制，从而严重影响我国工程建设投资的经济效益。

针对以往项目管理体制的缺点，1984 年我国工程建设实行招投标制。招标投标，是在市场经济条件下进行工程建设项目发包与承包，以及服务项目的采购与提供时所广泛采用的一种竞争性交易方式。在这种交易方式下，采购方通过发布招标公告提供需要采购物品或者服务的相关信息和条件，表明将选择最能够满足采购要求的供应商、承包商与之签订采购合同的意向，由各有意单位提供采购所需货物、工程或服务的报价及其他响应招标要求的条件，参加投标竞争，最终由招标人依据一定的原则标准从投标方中择优选取中标人，并与其签订采购合同。招投标制大大激发了同行业各单位间的竞争，增强了中标人的资金控制，减少了发标人不必要的投资，提高经济效益，符合市场经济的发展原则。

3. 建设监理制

建设监理制指的是对具体的工程项目建设，建设监理单位受项目业主的委托，依据国家批准的工程项目建设文件和工程建设法律、法规和工程建设委托监理合同以及业主所签订的其他工程建设合同，对工程建设进行的监督和管理活动，以实现项目投资的目的。

工程建设监理的主要工作内容包括管理工程建设合同和信息资料，并协调有关各方的工作关系。工程建设监理制的基本模式是委托专业的监理单位代替项目法人对工程项目进行科学、公正和独立的管理。

当前，我国在水利水电建设领域，已深入全面地推行了施工与设备采购方面招标投标制，建设监理制已不再是试点阶段、全面推行阶段，正处于向规范化、科学化、制度化深入发展的阶段。同时，项目法人责任制也已有良好的开端并在水利水电建设领域迅速全面发展。实践证明，三项建设管理制度改革措施的实行，提高了我国的工程建设管理水平，促进了我国水利水电建设事业的健康发展。

（二）我国水利水电工程建设管理体制的改革

水利水电工程属于国家基础建设项目的范畴。但是，其建设管理体制改革历程的转折点在云南鲁布革水电站工程项目管理改革的成功实践，之后在二滩水电站建设过程中成立的二滩水电开发有限责任公司为管理体制的显著标志，故其整个管理体制的发展大体上可以划分为以下三个阶段：

第一阶段是传统体制阶段，时间为中华人民共和国成立初期至20世纪80年代初。由于国家实行的是高度的计划经济，水利水电工程的建设基本全部由国家直接下达计划，国家完成从资金的调拨、工程建设队伍的指派以及材料的供应等方方面面的工作，是一种典型的自营式的建设管理体制。丹江口、东风、龚嘴、龙羊峡、刘家峡和葛洲坝等大型水电站都采用此种管理体制建成。

第二阶段改革开始的标志是1984年云南鲁布革水电站引水隧洞采取国际公开招标。鲁布革水电站引水系统工程是我国第一个利用世界银行贷款的工程项目，贷款总额12 600万美元，按照世界银行规定，对于利用世界银行贷款的引水系统工程要实行国际竞争性招标，最终日本大成公司以8 460万元中标，仅为标底14 958万元的57%，并比合同期提前5个月完工。当时，我国在工程建设方面向来是“预算超概算，结算超预算”，鲁布革工程效应促进了我国工程界对工程管理的反思，也引起了我国政府的高度重视，1987年，相关部门要求全国推广鲁布革经验，全面推行建设管理体制的改革。可以说，该事件有力地冲击了我国工程建设管理的旧体制。

第三阶段的开始以1995年将二滩水电开发公司改组成为二滩水电开发有限责任公司为标志，由国家开发投资公司、四川省投资公司和四川省电力公司共同投资。在项目前期运作建设过程中，二滩创业者们不仅熟悉了国际惯例，而且创造性地运用了“有条件的中标通知书”等，成功实现了与国际惯例的接轨。自此，我国的水电建设管理体制改革进入了建立适应市场经济要求的建设管理体制的新阶段，我们称之为现行体制形成阶段，直至如今我们仍在对其进行不断的探索、实践、丰富和完善。

二、水利水电工程项目管理的主导模式

（一）我国常用的工程项目管理模式

自我国加入WTO后，建筑业的竞争从国内单位的竞争转变为国际市场的竞争，为了能尽快融入国际市场，我国政府积极调整和修改了相关政策法规，采用了国际惯用的职业注册制度。在积极改革应对国际竞争，与国际接轨的同时，还将国外一些先进的应用广泛的工程项目管理模式引进了国内。目前，在我国普遍应用的有监理制、代建制和EPC（工程总承包）3种工程项目管理模式。

1. 工程建设监理模式

建设监理在国外通称为项目咨询，其站在投资业主的立场上，对建设工程项目进行综

合管理以实现投资者的目标。目前，我国广泛应用传统模式下、PM 模式下及 DB 模式下的工程监理。

工程建设监理制的真正起源是国外的传统（设计—招标—建造）模式，工程建设监理制是指由项目业主委托监理单位对工程项目进行管理，业主可以根据工程项目的具体情况来决定监理工程师的介入时间和介入范围。现阶段我国的工程建设监理主要是对施工阶段的监督管理。

2. 代建制模式

代建制是中国政府投资非经营性项目委托机构进行管理的制度的特定称谓，在国际上并没有这种说法。我国的代建制管理模式最初是由个别地方政府进行试点试运行，后来得到了一定程度的总结，才逐步扩展到全国各地，经历了由点到面、由下到上的过程。

迄今为止，关于代建制统一标准的定义在学术界和政府机构的规章汇总并没有得到明确。这里综合各方见解认为，所谓代建制，是针对政府投资的非经营性项目进行公开竞标，选择专业化的项目管理单位作为代建人，负责投资项目建设和施工组织工作，待项目竣工验收后交付给使用单位的工程项目管理模式。

政府投资项目的代建制一般包括政府业主、代建单位和承包商三方主体。一般而言，三者之间的关系形式如下：

第一，业主分别与其他两方以及设计单位签订相应的合同，业主对设计和施工直接负责，代建单位仅向业主提供管理服务，这种形式类似于国外的 PM 模式。

第二，业主与代建单位签订代建合同，代建单位再分别与设计单位、施工单位签订合同，代建单位向业主提供包括管理服务、全部设计工作以及部分施工任务在内的相关工作，这种形式类似于 PMC 模式。

第三，业主与代建单位之间的代建合同范围广泛，包含从项目设计到施工的全部内容。

3. 代建制的特点

第一，政府投资的非经营性项目主要采用代建制。一般情况下，往往是政府公共财政来弥补非经营性项目的投资失误，损害了广大纳税人的利益，有损社会公平。通过招投标方式采用代建制以后，有利于实现项目管理团队的专业化，利于防止出现投资“三超”（概算超估算、预算超概算、结算超预算）、工期拖延等现象，同时项目工程质量也可以得到充分的保证；如实行代建制的北京市回龙观医院工程，施工图预算时超出概算 400 万元，后经反复研究讨论，最终在保证工期、保证工程质量的前提下，消化了 400 万元的超出款。

第二，代建制的实施，使政府得以脱离烦琐、具体的工程项目管理工作，从投资主体的角度站在宏观层面上对项目的实施进行调控和监管，提高工程效益。

第三，代建制模式下建设、管理、使用各环节相互分离，克服了传统模式下政府投资项目“投资、建设、监管、使用”四位一体的弊端，有效防止了腐败的滋生，还可有效解决政府项目投资软约束问题。

4. 设计—采购—建造模式（EPC）

指工程总承包企业按照合同约定，承担工程项目的设计、采购、施工、试运行服务等工作，并对承包工程的质量、安全、工期、造价全面负责。

代建制模式重要应用于政府投资的项目，其最为重要的理念便是实现“钱、权、用”的分离，以此解决工程项目“超规模、超标准、超投资”问题。代建制模式中，代建单位主要从事的还是管理和咨询工作，并不参加实体的建设工作。而 EPC 模式中，EPC 承包商则参加工程项目的整个建设周期，因此 EPC 承包商承担更多的项目责任和绝大部分的项目风险。当然，EPC 模式下设计与施工深度交叉，降低了工程造价，使工程整个生命周期中“三大目标”的控制更合理有效。

因为 EPC 模式要比代建制模式承担的责任和风险要大，所以合同价格要高于代建制模式下的合同价格。因而，对于那些缺乏项目管理经验的政府部门，采用 EPC 模式可以降低自身的风险，但要付出较高的投资。相对于有一定经验的政府部门，可以根据自身情况选择相应的代建单位，进行工程建设。

（二）平行发包模式

改革的过程不断进行，我国水利水电工程项目管理逐渐形成了一种平行发包模式，它是在项目法人责任制、招标投标制和建设监理制框架下建立的一种项目管理模式，成为现今水利水电工程项目管理的主导模式。

项目法人责任制首先规范了项目业主的建设行为，其次明确了工程项目的产权以及项目建设的经济及法律职责范围内的责任与义务；招标投标制推动了建筑企业由行政指令方式的承包向市场选择方式的承包转变；建设监理制的推行使得监理单位更有效地对招标承包和合同进行管理，而项目业主又通过合同管理来实现自身对工程项目建设的设想，与此同时，承包单位与业主之间订立的具有法律约束力的经济合同关系，割断了其与上级行政主管部门的联系。

1. 平行发包模式的概念及其基本特点

平行发包模式是指项目业主将工程建设项目进行分解，按照内容分别发包给不同的单位，并与其签订经济合同，通过合同来约定合同双方的责权利，从而实现工程建设目标的一种项目管理模式。各个参与方相互之间的关系是平行的。

平行发包模式的基本特点是在政府有关部门的监督管理之下，项目业主合理地对工程建设任务进行分解，然后进行分类综合，确定每个合同的发包内容，从而选择适当的承包商。各承包商向项目业主提供服务，监理单位协助或者受到项目业主的委托，管理和监督工程建设项目标的进行。

与传统模式下的阶段法不同的是，平行发包模式借鉴传统模式下细致管理和 CM 模式的快速轨道法，在未完成施工图设计的情况下即进行施工承包商的招标，采用有条件的“边设计、边施工”的方法进行工程建设。

2. 平行发包模式的优缺点

无论是在国内还是在国外，平行发包模式都是一种发展得十分成熟的项目管理模式，它的优点是项目业主通过招投标直接选定各承包人，使业主对工程各方面把握更细致、更深入，设计变更的处理相对灵活；合同个数较多，合同界面之间存在相互制约关系；由于由隶属不同和专业不同的多家承包单位共同承担同一个建设项目，同时工作作业面增多，施工空间扩大，总体力量增大，勘察、设计、施工各个建设阶段以及施工各阶段搭接顺畅，有利于缩短项目建设周期。一般对于一些大型的工程建设项目，即投资大、工期比较长、各部分质量标准、专业技术工艺要求不同，又有工期提前的要求，多采用此种模式。

平行发包模式的主要缺点是项目招标工作量增大，业主合同管理任务量大，合同个数和合同界面增多，增加了协调工作量和管理难度，项目实施过程中管理费用高，设计与施工、施工与采购之间相互脱离，要频繁地进行业主与各个承包商之间的协调工作，工程造价不能达到最优控制状态。招标代理和建设监理等社会化、专业化的项目管理中介服务机构的推行，有助于解决该模式中存在的问题。

三、我国水利水电工程项目管理模式的选择

（一）工程项目管理模式选择的影响因素

在选择工程项目管理模式时，我们必须考虑以下 3 个要素：工程的特点、业主的要求

及建筑市场的总体情况。

1. 工程的特点

在选择工程项目管理模式之初要考虑的最主要问题就是工程的特点，其包括工程项目规模、设计深度、工期要求、工程其他的特性等因素。

工程项目规模是工程项目管理模式要考虑的主要因素之一。对于规模较小的工程，如住宅建筑、单层工业厂房等通用性比较强的一般工民建工程，各种模式都可以采用，因为其不但工程结构比较简单，而且比较容易确定设计、施工工作量和工程投资，常用施工总包模式、设计施工总包模式、项目总承包模式。对于工程规模较大的工程，项目管理模式的选择要在综合分析现有情况的条件下做出。例如，如果具有总承包资质的施工单位很少，不一定能满足招标要求，为防止因投标者过少而导致招标失败，业主可选择分项发包模式；如果业主没有经验，而所从事的工程项目又需要承包商具有专业的技术和经验或者是高新技术项目工程，可以采用设计施工总承包模式、项目总承包模式或者代理型 CM 模式。

设计深度也是选择工程项目管理模式要考虑的主要因素之一。如果工程的招标要在初步设计刚完成后就开始，但是业主面临的情况是整个工程施工详图没有完成，甚至没有开始，并不具备施工总包的条件，此时适宜的项目管理模式可以是分项发包模式、详细设计施工总包模式、咨询代理设计施工总包模式、CM 模式；如果设计图纸比较完备，能较为准确地估算工程量，可采用施工总包模式；某些工程在可行性研究完成后就进行招标，可采用传统的设计施工总承包模式。

工期要求也是选择工程项目管理模式要考虑的主要因素之一。大多数工程都对工期有着严格的要求，若工期较短，时间紧促，则可以选择分项发包模式、设计施工总承包模式、项目总承包模式和 CM 模式，而不能采用施工总包模式。

此外工程的复杂程度、业主的管理能力、资金结构以及产权关系等因素对项目管理模式的选择也有一定的影响，必须将以上各种因素综合起来考虑，选择适合的工程项目管理模式，最大限度、最便捷地达到目标。

2. 业主的要求

工程特点所含的因素中，部分包含业主的要求，因此，这里所指的主要是业主的其他要求，包括自身的偏好、需要达到的投资控制、参与管理的程度、愿意承担的风险大小等。举个例子来说，如果业主具备一定的管理能力，想亲自参与项目管理，控制投资，可以采用分项发包模式；如果业主既希望节约投资又不希望自己太累，就可以采用 CM 模式，降低自身的工作量。

如果业主时间精力有限，不愿过多地参与项目建设过程，可以优先考虑设计施工总承包模式和项目总承包模式，在这两种模式中，工程项目开展的全部工作交由总承包商承担，业主只负责宏观层面上的管理。然而在这两种模式中，业主要想有效控制项目的质量有一定的难度。因此，这就需要业主采取其他的管理模式来解决项目控制方面的难题。对一些常用的项目管理模式，按业主参与程度由大到小的排列顺序为：分项发包模式、施工总承包模式、CM 模式、设计施工总承包模式、项目总承包模式。

如果业主希望控制工程投资，要掌控设计阶段的相关决策工作，在此情况下适宜采用分项发包模式、CM 模式或者施工总承包模式；若采用设计施工总承包模式和项目总承包模式，业主对设计控制的难度较大。但在施工总承包模式下，由于设计与施工相互脱节，易产生较多的设计变更，不利于项目的设计优化，容易导致较多的合同争议和变更索赔。

随着工程项目的规模越来越大，技术越来越复杂，工程项目所承担的风险也越来越大，因此，业主在工程管理模式的选取时应将此作为一个重要的考虑因素。常见项目管理模式按业主承担的管理风险由大到小排序为：分项发包模式、非代理型 CM 模式、代理型 CM 模式、施工总承包模式、设计施工总承包模式、项目总承包模式。

3. 建筑市场的总体情况

项目管理模式的选择也要考虑建筑市场的总体情况，因为业主期望开展的相关工程项目在建筑市场上不一定能够找到具有相应承包能力的承包商。例如，像三峡大坝建设这么大的工程，不可能把所有施工工作全部承包给一个建设单位，因为放眼全国尚没有一家建设单位有能力单独完成此项目。常见项目管理模式按照对承包商的能力要求从高到低的排序为：项目总承包模式、设计施工总包模式、代理型 CM 模式、施工总包模式、非代理型 CM 模式、分项发包模式。

（二）水利水电工程项目管理模式选择的原则

1. 项目法人集中精力做好全局性工作

一般情况下，水利水电工程都具有规模较大、战线长、工程点多、建设管理复杂的特点，这就对项目法人的要求较高，必须能集中精力做好总体的宏观调控。以南水北调工程为例，南水北调东线工程所要通过的河流之多，输水里程之长，设计的参建单位之多，建设管理所遇到的问题之复杂，一般的工程项目管理模式根本不能够适应，因此要改变传统的项目管理模式，重点做好事关项目全局的决策工作。

2. 坚持“小业主、大咨询”的原则

当前，我国经济的快速发展推动了各类工程项目建设，尤其是水利水电工程建设的实施，考虑到水利水电类项目建设规模和专业分工的特点，传统的自营建设模式已不能适应这样的情况。项目法人只有利用市场机制对资源的优化配置作用，采用竞争方式选择优秀的建设单位从事相应的工作，唯其如此才能按期、高效和优质地完成项目目标。我国历经20多年的建设管理体制改革，在各个方面已然取得了一定的成绩，但是“自营制”模式仍然或多或少地制约着人们的思维，“小业主、大监理”的应用范围没有广泛展开就是一个明显的例证。因此，水利水电工程的工程项目管理要摆脱旧模式的影响，按照市场经济的生产组织方式，在项目开展的全部过程中充分依靠社会咨询力量，贯彻“小业主、大咨询”的原则，以提高工程项目管理水平和投资效益，精简项目组织。

3. 鼓励工程项目管理创新，与国际惯例接轨

目前，在我国的工程建设项目中，绝大多数的业主都采用建设监理制。在水利水电工程建设的管理上，相关单位要借鉴国际上工程项目管理的先进经验和通行做法，突破传统思维的限制，有所创新，选择项目法人管理工作量小且管理效果好的模式，如CM模式。当然，在条件允许的情况下，也可推行一些设计施工总包模式和施工总包模式的试点。

4. 合理分担项目风险的原则

在我国的工程项目管理中，项目的相关风险主要由单一主体予以承担。比如，在当前大力推行的建设监理制中，项目法人或业主承担了项目的全部风险，而监理单位基本上不承担任何风险，因此，虽然监理单位和监理工程师是项目管理的主体，但却缺少强烈的责任感。在水利水电工程项目管理模式选择中，应加强风险约束机制的建设，使得项目管理主体承担一定的风险，促进项目法人的意图得到项目管理主体的切实贯彻，有效地监管工程的投资、质量和工期。

5. 因地制宜，符合我国的具体国情的原则

目前，我国形成了以项目法人责任制、建设监理制和招标投标制为基本框架的建设管理体制。但是大多数的建筑单位依然没有摆脱业务能力单一的现状，能够从事设计、施工、咨询等综合业务的智力密集型企业数量很少，具有从事大型工程项目管理资质、总承包管理能力和设计施工总承包能力的独立建筑单位也几乎没有。因此，在水利水电工程项目管理模式选择时，要结合我国建筑市场的实际情况，因地制宜，不能生搬硬套国外的模式，建立一套适于中国国情的项目管理模式。

（三）不同规模水利水电工程项目的模式选择

水电站及其他水利水电工程受工程所处的地形、地质和水文气象条件影响会产生很大

的差异，水电站在规模上的差异导致各方面的差异也很大。与中小型水利水电工程相比，大型水利水电工程的工程投资更大、影响更深远、风险更高，因此须应用更为谨慎、严格、规范的工程管理方式，其采用的工程项目管理模式应与中小型水利水电项目不尽相同。在大型、特大型水利水电项目开发建设中，应该基于现行主导模式，结合投资主体结构的变化和工程实际，对工程项目的建设管理模式开展大胆的创新和实践，真正创造出既能够与国际管理相接轨，又能够适应我国水电项目建设情况的项目管理模式。我国的中小型水利水电项目投资正逐步地向以企业投资和民间投资为主转变，故中小型水利水电项目管理模式的选择与民间投资水电项目管理模式的创新就极为相似，大体上可以采用相同的项目管理模式，将在下文进行论述。

（四）不同投资主体的水利水电工程的模式选择

我国水利水电工程的投资主体大致可分为两种：第一种是以国有投资为主体的水利水电开发企业；第二种是以民间投资参股或控股为特征的混合所有制水利水电开发企业。相对于传统的水电投资企业来说，新型水利水电开发企业以现代公司制为特征，具有比较规范和完善的公司治理结构。目前，大型国有企业的业务主要集中在大中型水利水电项目的开发上，而民间或者混合所有制企业的业务主要集中在开发中小型水利水电项目上。由于具有不同的特点、行为方式和业务范围，这两类投资主体应在项目管理模式的选择上不尽相同。

第一类投资主体应在现有主导模式的基础上，逐步将投资和建设相分离。在专业知识和管理能力达到相当水平的条件下，业主可以组建自己的专业化建设管理公司；当业主自身不能完成工程项目管理任务时，可采用招标或者其他方式选择适于承担该工程项目的管理公司。在国际上出现了将设计和施工加以联合的趋势，因此，在开展一些大型或者技术要求复杂、投资量巨大的工程项目时，可以将设计和施工单位组成联合体开展工程总承包，或者对其中的分部分项工程、专业工程开展工程总承包。如果一些大型的企业在经过一段时间的发展后壮大，可以组建相应的具有设计、施工和监理等综合能力的大型公司开展整个工程项目的总承包。

对于民间投资参股或控股的投资主体而言，要想求得更好更快的发展，必须在改革开放的大背景下，加强国际交流，充分吸收国外的项目管理模式的先进经验，并通过自主创新，建立一套适于在我国推广和应用的具有中国特色的水利水电项目管理模式。当这类投资主体具有充足的水电开发专业人才及管理人才，以及相应的技术储备时，可自行组建建设管理机构，充分利用社会现有资源，采用现行主导模式——平行发包模式进行工程项目的开发建设。当项目业主难以组建专业的工程建设管理机构，不能全面有效地对工程项目建设全过程进行控制管理时，可以采取“小业主、大咨询”方式，采用 EPC、PM 或 CM 模式等完成项目的开发任务。

四、水利水电工程项目管理模式发展的建议

现今，无论从水电的开工规模还是年投产容量看，我国都排在世界第一位，是水利水电建设大国。中华人民共和国成立以来，我国水利水电项目管理模式经历了一个曲折的发展过程，正不断地与国际市场接轨，多种国际通行项目管理模式开始发展应用，我国的项目管理取得了巨大的进步，但其仍然发展得不够完善，存在或多或少的问题。针对我国工程项目管理的现状，经过对国际项目管理的研究及对比，对我国水利水电工程项目管理模式的发展有以下建议：

（一）创建国际型工程公司和项目管理公司

目前，在国际和国内工程建设市场呈现出的新特点包括：工程规模的不断扩大带来了工程建设风险的提高；技术的复杂性使得对于施工技术创新更加迫切；国内市场日益国际化，并且竞争的程度日趋激烈；多元化的投资主体等。这些特点为我国项目管理模式的发展以及培育我国国际型工程公司和项目管理公司创造了良好的条件。

1. 创建国际型工程公司和项目管理公司的必要性

目前，我国国际型工程公司和项目管理公司的创建有着充分的必要性，主要体现在：

（1）深化我国水电建设管理体制改革的客观需要

在我国水电建设管理体制改革不断取得成绩的大前提下，无论从主观上还是客观上讲，我国的设计、施工、咨询监理等企业都已具备向国际工程公司或项目管理公司转变的条件。在主观上，通过各项目的实践，各大企业也已认识到企业职能单一化的局限性，部分企业已开始转变观念，承担一些工程总承包或项目管理任务，相应地调整组织机构。在客观上，业主充分认识到了项目管理的重要性，越来越多的业主，特别是以外资或民间投资作为主体的业主，都要求承包商采用符合国际惯例的通行模式进行工程项目管理。

（2）与国际接轨的必然要求

我国想要实现与国际的统一，而一些国际通行的工程项目管理模式如 EPC、PMC 等，都必须依赖有实力的国际型工程公司和项目管理公司来实现。国际工程师联合会于 1999 年推出了 4 种标准合同范本，包含了适用于不同模式的合同，其中就有适用于 DB 模式的和 EPC 模式的。我国的企业必须采用世界通行的项目管理模式，顺应这一国际潮流，才

有可能在国际工程承包市场上获得大的发展，才有可能实现“走出去”的发展战略。

（3）壮大我国水利水电工程承包企业综合实力的必然选择

现今我国水利水电行业的工程现状是：设计、施工和监理单位各自为战，只完成自己专业内的相关工作，设计与施工没有搭接，监理与咨询服务没有联系，不利于工程项目的投资控制和工期控制。

目前，我国是世界水利水电建设的中心，有必要借助水利水电大发展的有利时机，学习和借鉴国际工程公司和项目管理公司成功的经验，通过兼并、联合、重组、改造等方式，加强建设企业之间资源的整合，促使一批大型的工程公司和项目管理公司成长壮大起来，他们自身具有设计、施工和采购综合能力，能够为项目业主提供工程建设全过程技术咨询和管理服务。综上所述，我国有必要创建一批国际型工程公司和项目管理公司，使其成为能够增强我国现有国际竞争力的大型工程承包企业。

2. 创建国际型工程公司和项目管理公司的发展模式

我国的水利水电建设工程排在世界第一位，我国创建和发展自己的具有一定市场竞争能力的国际型工程公司已经刻不容缓。对于一个企业来说，竞争能力是重中之重，因此，我国的水利水电工程承包企业有必要通过整合、重组来改善组织结构，培育和发展出一批能够适应国际市场要求的国际型工程公司和项目管理公司。这些公司能够为业主提供从项目可行性分析到项目设计、采购、施工、项目管理及试运行等多阶段或全阶段的全方位服务。

目前，我国工程总承包的主体多种多样，包括以设计单位、施工单位、设计与施工联合体以及监理、咨询单位为项目管理承包主体等多种模式。由于承包主体社会角色和经济属性的不同，决定了其在工程总承包和项目管理中所产生的作用和取得的效果也不尽相同，进而产生了几种可供创建国际型工程公司和项目管理公司选择的发展方式，具体陈述如下：

（1）大型设计单位自我改造成为国际型工程公司

以设计单位作为工程总承包主体的工程公司模式，就是设计单位按照当前国际工程公司的通行做法，在单位内部建立健全适应工程总承包的组织机构，完成向具有工程总承包能力的国际型工程公司转变。大型设计单位拥有的监理或咨询公司一般也具备一定的项目管理能力，因此，大型设计单位的自我改造是设计单位实现向工程公司转变的一种很好的方式，只需进行稍稍的重组改造，即能为项目业主提供全面服务。大型设计单位向综合方向发展，成为具备项目咨询、设计、采购、施工管理能力的国际型工程公司，形成以设计为主导，以项目管理为基础的工程总承包。

目前，我国普遍存在的情况是国内许多设计单位业务能力单一，普遍缺乏施工和项目管理经验以及处理实际工程项目问题的应变能力，尤其是在大型复杂项目的综合协调和全面把握方面，这将成为阻碍设计单位转型的制约因素。近几年，虽然我国一些大型水电勘测设计单位都提出了向国际型工程公司转变的发展目标，但是现阶段大中型水电站勘测设计任务繁重，尚没有精力向国际型工程公司的转变方面展开实质性工作，设计单位开展工程总承包业务时还普遍面临着管理知识缺乏、专业人才短缺和社会认可度偏低的问题，亟须提高其自身的项目管理水平。

（2）大型施工单位兼并组合发展成为工程公司

可以说，在改革开放40多年里，我国水利水电事业得到了迅猛发展，许多水利水电施工单位也得到了锻炼和成长，积累了相当多的工程经验，其中的一些大型的水利水电施工单位不仅成为我国国内水利水电施工的主体，同时也是开拓国际水利水电承包市场的主导力量，他们除了具有强大施工能力和施工管理能力，也具备一定的项目管理能力。但相对国际水平而言，国内相关单位虽然施工能力很强，但是也不可避免地会存在一些缺点和不足，如勘察、设计和咨询能力不足，不能够为项目业主提供全方位高层次的咨询与管理服务；在对工程项目开展优化设计、控制工程投资和工期方面能力很弱。针对这些问题，可通过兼并一些勘察、设计和咨询能力较强的中小设计单位，弥补自身在此方面的缺陷，在残酷的市场环境中走向壮大，顺利发展成为大型的综合性工程公司。

（3）咨询监理单位发展成项目管理公司

咨询、监理单位本身就是从事项目管理工作，通过它们之间的兼并组合或者对自身进行改造，可形成实力较强的大型项目管理公司，为项目业主提供项目咨询和项目管理服务。我国水利水电咨询监理单位的组建方式多种多样，主要组建方式包括项目业主组建的、设计单位组建的、施工单位组建的、民营企业组建的以及科研院校组建的。但是这些单位具有一些共同的特点：组建时间不长，人员综合素质较高，单位的资金实力较弱，服务范围较窄等。如果由这些单位承担工程总承包，则一定具有较高的现场管理水平和一定的综合管理和协调能力，但是普遍缺乏高水平的设计人员，加上自身不具备资金实力，所以很难有效地规避工程项目建设过程中的各种风险。因此，可以把监理、咨询单位中一些有实力的单位兼并重组为能够从事工程项目管理服务的大型项目管理公司，在大型水利水电项目建设中提供诸如PMC等形式的管理服务。

（4）大型设计单位与大型施工单位联合组建工程公司

所谓大型设计和施工单位联合组建工程公司，是指将大型设计与施工单位进行重组或改造，组建具有项目全阶段、全方位能力的工程公司，这种工程公司的水平最高，能够进行各种项目管理模式的组合。虽然通过这种方式组建工程公司的难度很大、成本很高，但这是利用现有资源创建我国最具竞争力的国际型工程公司的最佳捷径。因为设计施工的组合属于强强联合，双方优势互补，不但设计单位在项目设计方面的专业和技术优势得到了充分发挥，而且将设计与施工进行紧密结合，便于综合控制工程质量、进度、投资和促进设计的优化和技术的革新，这样也有利于进一步提升企业的综合竞争力，使工程公司到国际工程承包市场上去承建更多、更大的工程总承包项目。这种创建工程公司的方式将是我国未来一个阶段发展的重点。

鉴于我国现阶段设计与施工相分离的实际情况，国际型工程公司的组建可以分为 2 个步骤：第一步，由设计和施工单位组成项目联合体共同投标并参与工程项目总承包管理。目前，在我国水利水电工程投标中，较为常见的是由不同施工单位组成的联合体共同参与投标，设计单位与施工单位之间联合投标的情况很少见，这种现象的出现主要是由于我国水利水电建设中这种模式应用得较少，以及该领域中详细的招标条件不成熟。国家大力倡导在水利水电工程领域采用工程总承包和项目管理模式，有必要支持部分项目业主采用工程总承包模式进行招标，鼓励投标人采取设计与施工联营的方式进行投标，逐步培养和发展工程总承包和项目管理服务意识。一般情况下，联营分为法人型联营、合伙型联营和协作型联营三种形式。目前，我国国内水利水电企业之间采用较多的是合伙型联营和协作性联营。未来我国水利水电企业之间联合发展的初期应该是法人型联营，为其最终发展成设计与施工联合型工程公司打下基础。第二步，当工程总承包和项目管理服务的发展较为成熟，成为水利水电建设中的常见模式时，则可以实施将设计与施工单位重组或改造成为大型的项目管理公司，彻底改变设计与施工分割的局面。

（5）中小型企业发展成为专业承包公司

对于中小型的施工单位和设计单位，应扬长避短，突出自身的专长，发展成为专业性承包公司。除了进行自主开发经营外，还可以在大型和复杂的工程项目中配合大型工程公司。

（6）发展具有核心竞争力的大型工程公司和项目管理公司

企业项目管理水平的高低直接体现了一个水利水电工程承包单位的核心竞争力，而企业的项目管理水平具体体现在管理体制科学、管理模式独特、经营方法、运营机制等方面，以及由此而带来的规模经济效益。

我国已成为世界水利水电建设的中心，然而我国的水利水电工程承包企业无论从营业额、企业规模，还是企业运作机制等方面，其国际国内工程承包能力却远远比不上国际先进的排名前几位的工程公司，有着巨大的差距，这与我国世界水利水电建设的中心地位极不相符。因此，我国必须加大投入，培育并提高企业的核心竞争力，发展一批具有国际竞争力的大型工程公司和项目管理公司。

（二）我国水利水电工程项目管理模式的选择

1. 推广 EPC 模式

工程总承包模式早已在国际建筑界广泛采用，有大量的实践经验，在我国积极推行工程总承包将会产生一系列积极有效的作用：它有利于深化我国对工程建设项目组织实施方式的改革，提高我国工程建设管理水平，可以有效地对项目进行投资和质量控制，规范建筑市场秩序，有利于增强勘察、设计、施工、监理单位的综合实力，调整企业经营结构，可以加快与国际工程项目管理模式接轨的进程，适应社会主义市场经济发展和现代化建设的需要。

EPC 模式在我国水利水电建设的实践中收到了明显的效果。如白水江梯级电站项目，由九寨沟水电开发有限公司进行设计、采购、施工总承包，避免了业主新组建的项目管理班子不熟悉工程建设的问题，最终在项目建设的过程中确定了工程的总投资、工期以及工程质量。

2. 实施 PM 模式

近几年来，国内项目管理的范围、深度和水平在不断提高。各行业，包含煤炭、化工、石油天然气、轻工、电力、公路、铁路等，均有先进的项目管理模式出现。如中国石化工程建设公司承建的中海壳牌南海石化项目是目前为止我国最大的石化项目，采用 PM 模式承建；2003 年 5 月 8 日中国寰球工程公司与越南化工总公司签订了海防磷酸二铵项目采用 PMC 模式，工程计划总投资 1.5 亿美元。反观我国水电行业，在实施项目管理、进行工程建设方面大大落后了，我们更应该面对现实，正确定位，找出差距，学习国内其他工程行业的先进经验，奋起直追。

3. 推行 CM 模式

CM 模式已经在国际建筑市场上有了近六十年的历史，经实践经验证明这种模式在整个工程控制和管理上有一定的特色，尤其是在信息管理、投资、进度、质量控制及组织协调等方面，是一种值得我国学习和借鉴的新型工程项目管理模式。我国也有某些大型工程引进 CM 模式，上海证券大厦项目是第一个引入该模式的大型民用建筑项目，但我国水利水电工程方面还没有引入应用过 CM 模式的项目。如果要在水利水电工程建设管理中引进 CM 模式，就必须分析 CM 模式的特点及其适用范围，并与已经被人们熟知的较为成熟的项目管理模式进行比较，同时结合国内水利水电工程项目的实际情况进行改进。

第二章 水利水电工程施工爆破技术

第一节 起爆技术

起爆方法可分为电力起爆法和非电起爆法两大类。电力起爆通过电力引爆电雷管起爆炸药，非电起爆包括导爆索、塑料导爆管起爆 2 种方式。爆破工程施工中都是将多个单药包组合起爆，通过群药包的共同爆破作用实现破碎。向多个起爆药包传递起爆能量的系统称为起爆网路。起爆网路根据使用的起爆器材又分为电力起爆网路、导爆索起爆网路、导爆管起爆网路（后两种又称为非电起爆网路），工程爆破施工中常按要求将不同起爆网路组合成混合起爆网路。

一、电力起爆法

电力起爆法就是利用电能引爆电雷管，进而起爆炸药的起爆方法，它所需的起爆器材有电雷管、导线和起爆源等。电力起爆法可以同时起爆多个药包，可间隔延期起爆，安全可靠。但是操作较复杂，准备工作量大，需较多电线，须具备一定的检查仪表和电源设备。适用于大中型重要的爆破工程。

电力起爆网路主要由电源、电线、电雷管等组成。

（一）起爆电源

电力起爆的电源可用普通照明电源或动力电源，最好是使用专线。当缺乏电源而爆破规模又较小、起爆的雷管数量不多时，也可用干电池或蓄电池组合使用。另外还可以使用电容式起爆电源，即发爆器起爆。国产的发爆器有 10 发、30 发、50 发和 100 发等几种型号，最多一次可起爆 100 个以内串联的电雷管，十分方便。但因其电流很小，故不能起爆并联雷管。常用的形式有 DF-100 型、FR81-25 型、FR81-50 型。

（二）导线

电爆网路中的导线一般采用绝缘良好的铜线和铝线。在大型电爆网络中，常用的导线按其位置和作用可划分为端线、连接线、区域线和主线。端线用来加长电雷管脚线，使之能引出孔口或洞室之外。端线通常采用断面为 0.2~0.4mm^2 的铜芯塑料皮软线。连接线是用来连接相邻炮孔或药室的导线，通常采用断面为 1~4mm^2 的铜芯或铝芯线。主线是连接区域线与电源的导线，常用断面为 16~150mm^2 的铜芯或铝芯线。

（三）电雷管

这是电力起爆网路的核心部分，用于引发爆炸。电雷管包含一个小型的发射装置，当其接收到足够的电流时，会引发炸药或爆炸物的爆炸。

二、导爆索起爆法

（一）导爆索起爆特点

导爆索起爆法利用绑在导爆索一端的雷管起爆导爆索，用导爆索爆炸时产生的能量来引爆药包。由于导爆索本身要通过雷管引爆，因此，在爆破作业时，从装药、堵塞到连线等施工过程中炮孔内无雷管，爆破之前装上雷管用以起爆。从安全性来讲，导爆索起爆法优于其他起爆方法，而且操作简单，易于掌握，节省雷管，可防止雷电、杂散电流等影响，在爆破工程中广泛应用。

（二）导爆索连接方法

导爆索与雷管应绑在离导爆索末端 15cm 的部位，雷管的聚能必须朝传播方向。导爆索传递爆轰波的能力有一定的方向性，在传播方向上爆轰波强度最大，连接起爆网路时，必须使每一支路的接头迎着传爆方向，夹角应大于 90°。导爆索与导爆索之间的连接，应采用搭接、扭结、水手结、T 形结的连接方式，搭接长度不得小于 15cm，搭接部分用胶布捆扎。

导爆索起爆网路形式比较简单，只要合理安排起爆顺序即可。在敷设网路时应注意两根导爆索之间的间隔距离应大于 10cm，交叉通过时应有厚度不小于 10cm 的垫块。导爆索采用的网路形式有串联网路、并簇联网路、分段并联网路、双向分段并联网路等。

串联网路是将导爆索依次从各炮孔引出串联在一个网路上，操作简单，但是当有一个药包的导爆索发生拒爆时，后面的药包都会拒爆，所以一般很少使用。

并簇联网路没有问题（并簇联网路：在这种配置中，多个导爆索集群并行连接到主线。每个集群中的雷管是串联的。这样即使某个集群中的雷管故障，其他集群仍然可以正常起爆）。

三、导爆管起爆法

（一）导爆管起爆特点

导爆管雷管起爆靠爆轰波而不是电流，导爆管网路操作简单安全，无须进行复杂的网路计算，不受静电、射频电、感应电、杂散电及有电磁场活动的环境影响，具有良好的安全性能。地下工程使用时不用停电。同时，导爆管不会因受一般机械冲击作用而发生起爆，遇火时导爆管熔融，但不会起爆，导爆管可用于有水工作面。特别是无起爆药的非电雷管的问世，从根本上改善了起爆网路的安全性。

塑料导爆管雷管的缺点是无法用仪器检测网路敷设的质量，在80℃以上高温的硫化矿、石油矿井、煤田开采中应禁止使用。

（二）导爆管起爆方式

导爆管的网路连接方法根据不同连接件可分为簇联网路、复式接力起爆网路、复式起爆网路和导爆管闭合起爆网路等方式。

1. 簇联网路

簇联网路是由一个雷管引爆一束（不超过20根）导爆管，每一束导爆管都带有一发引爆雷管。这是导爆管起爆网路中最基本的一种连接方法，将炮孔内引出的导爆管分成若干束，分别把一束导爆管用胶布带绑扎在一发导爆管传爆雷管上，然后将所有导爆管传爆雷管再集束绑扎在又一级传爆雷管上，这样一级一级成几何级数方式不断传爆下去，使整个爆区全部引爆。该方法俗称“一把抓”。

2. 复式接力起爆网路

这是利用捆扎法组成的导爆管接力起爆网路，连接简单，分段较多。缺点是它为顺序式传递网路，由于网路节点多，使网路的可靠度降低，传爆线上任一节点受损，其后所有网路中的导爆管雷管就会拒爆。因此，在爆破施工中传爆线上采用复式网路，可提高爆破网路的可靠度。

在设计导爆管复式接力起爆网路时，点燃阵面不能太大，也不能太小。根据目前国产延期雷管的精度及延期时间离散状况，一般采用 4 排炮孔的点燃阵面较合适，孔内和孔外导爆管雷管段别。

四、数码电子雷管起爆法

（一）结构性能

数码电子雷管的延期时间由电子芯片进行控制，以取代电雷管中的延时药，其延时精度远高于传统电雷管，延时时间可灵活设置，当延期时间较长时，有更多延期时间供选择。电子雷管有一个可编程的数字化的延时芯片，一旦点火信号发出，即可独立工作。雷管内部有一个保护装置，可以高度可靠地保护雷管不被杂散电流、过载电压、静电和电磁辐射干扰。数码电子雷管特性：延期时间为 1～15 000ms，以 1ms 为增量单位。数码电子雷管延时可在现场按施工要求设定，在现场对整个爆破系统实施编程，国产铱钵起爆系统可以一次起爆 4 000 根雷管的爆破网路。

（二）起爆系统

国产的电子雷管铱钵起爆系统由隆芯电子雷管、铱钵表和铱钵起爆器三部分组成。操作方法是将雷管脚线接到铱钵表上，一个铱钵表可带载 1～200 发电子雷管，铱钵起爆器与铱钵表配套使用，一个铱钵表可双线并联连接多发电子雷管，形成一个爆破网路支线，一个铱钵起爆器可组网 1～20 个铱钵表，形成具有多条爆破网路支线的电子雷管起爆系统。

数码电子雷管的初始能量来自于外部设备加载在雷管脚线上的能量，电子雷管的操作过程如下：编入延期时间、检测、充电、启动延期等，由外部设备通过加载在脚线上的指令进行控制。

国产隆芯-1 电子雷管是国内具有自主知识产权的高安全、高精度、宽延期范围、可编程的电子雷管，具有孔内在线编程能力，可编程延期范围 0～15 000ms；延期编程最小时间间隔为 1ms；延期精度达到 0.1%。雷管状态可在线检测，延期时间可在线校准。系统安全性能好：在铱钵起爆器和电子雷管内设置密码，雷管在铱钵起爆器控制下密码起爆，雷管内嵌抗干扰隔离电路，可抗静电 15kV，可抗交流电 220V/50Hz，抗直流电 50V。电子雷管在铱钵起爆器的控制下，通过铱钵表可实现对隆芯-1 电子雷管的精确、安全、可靠的起爆网路。

五、电磁雷管起爆法

（一）结构性能

电磁雷管的雷管结构与电雷管结构基本一致，只是雷管脚线与绕在环状磁芯上的线圈相连接。电磁雷管根据线圈位置可分为内置式电磁雷管和外置式电磁雷管。由于电磁雷管在电气上与外界完全绝缘，对直流电和工频交流电而言，电磁雷管桥丝成回路状态，它只接受起爆器输出的一定频率电流，对其他频率电流不发生作用。因此，电磁雷管抗干扰能力强，220V 直流电与电磁雷管接通不能引爆雷管。

电磁雷管简化了原电雷管复杂电压、电流的计算和复杂的并—串—并网路形式。电磁雷管的爆破网路只要用一根主线：其规格为 0.75mm^2 的绝缘软线穿过电磁雷管的环状磁芯，并将主线两端与母线相接，母线尾端与高频起爆器连接便可进行起爆。

在正常使用时，电磁雷管完全绝缘，起爆电流不会从爆破网路中泄漏出来。电磁雷管爆破网路阻抗低，雷管桥丝回路相互独立，脚线两端电压低，漏电阻抗一般都远大于单个雷管的桥丝阻抗，防漏电性能较普通电雷管有显著提高。

电磁雷管检测仪可检测雷管桥丝的电阻值与毫秒量，装药现场用 IT-3 型电雷管参数测量仪可对雷管进行测试与检查。同时，又能在线检测雷管导通状况，确保爆破时的准确性和可爆性。

电磁雷管是一种安全、可靠的新型起爆器材，它的主要优点是安全可靠、使用方便、网路简单、能防止杂散电流引起的意外爆炸，适合用于有煤和煤尘的隧洞、环境复杂的水工隧洞、露天开采、拆除和水下爆破工程中。

（二）起爆系统

高频起爆器是电磁雷管起爆时的专用配套系统。该设备与电容式起爆器一样，只是多一组振荡器，该振荡器振动频率为 1.5 万次。用直流电流给仪器充电，电容器电压达到额定值时，指示灯亮，再拨动毫秒开关，将储存的电能与振荡器接通，接通后向母线输出高频脉冲电流，电流通过电磁转换器的磁芯，使电雷管的环形脚线中产生感应电压而引爆电磁雷管。该起爆器主要指标是两路输出的同步性和输出电流的一致性，在额定负载情况下，可以保证规定数量的串联电磁雷管全部爆炸。

电磁雷管只接受起爆器输出的一定频率电流，对其他频率电流不发生作用，抗干扰能力强，保密性好。同时，高频起爆感应起爆系统（QB-I 型）可以在水中和外电干扰较严重的场合下使用，是一种很有前途的起爆系统。该系统还配备了 H-Z1 型无触点检测仪，大大提高了该系统的可靠性。

六、其他起爆方法

（一）中继药包起爆法

中继药包又称为起爆药柱或起爆弹，在起爆没有雷管感度的炸药中（如浆状炸药、铵油炸药等）使用。起爆弹也可用于二次破碎。中继药包由猛炸药混合而成，有良好的爆轰感度和较高的爆速，性能稳定，有良好的耐水性，适应温度-40℃～+50℃。

（二）电磁波起爆法

电磁波起爆法常用于实施水下遥控爆破，由振荡器、环形天线、接收线圈和起爆元件组成。振荡器和环形天线连在一起，用浮子悬浮在爆区水面。采用 550Hz 发射机，接收线圈和起爆元件装成一体，设在炮孔口。接通振荡器后，其 550Hz 的交流电流经环形天线形成交变电磁场，接收线圈产生感应电动势，产生交流电流，经整流器整流后变成直流电向电容器充电。当电容器充电达到额定值时，电容器停止充电，电子开关闭合，将电容器与电雷管接通，引爆雷管和炸药。

电磁波起爆装置可引爆水下 100m 处的电雷管。电磁波的缺点是接收线圈抗干扰能力差，水下存在强电场时，可能发生误爆，施工也比较复杂。

七、起爆网路

（一）常规起爆网路

钻孔爆破是水利水电工程中使用最多的基本爆破方式，钻孔起爆方式应根据施工现场具体地形、地质条件、爆破规模、爆破区域的周边环境、爆破器材种类、设计要求等因素，全面综合评定爆破环境安全，选择合适的起爆网路，以获得良好的爆破破碎及堆积效果。为了改善爆破效果，减小爆破振动及其他危害影响，工程中常采用 2 个以上临空面的台阶爆破，对于多排炮孔分段，进行毫秒延时爆破，多排炮孔布设分为方形、矩形、梅花形（三角形）3 种，多排台阶爆破可增大爆破规模，改善爆破质量，满足高强度工程开挖的要求。

（二）混合起爆网路

在工程爆破中，为了提高起爆系统的可靠性和安全性，根据起爆材料的不同特性和工程的实际情况，经常将 2 种以上的起爆方法结合使用，取长补短，采用混合网路，广泛应用于各种起爆可靠性要求较高的工程爆破中。

1. 电力-导爆管混合起爆网路

这种起爆网路集电雷管、导爆管的优点于一体。在大量炮孔采用导爆管网路起爆时，为了增加起爆网路的可靠性，实现微差起爆，往往采用电力-导爆管起爆网路。电力起爆可多点激发导爆管网路，实现孔外微差，当各爆区距离较大时，使用导线将各区的激发电雷管连接起来，构成串联或串并联起爆网路。

导爆管与电雷管联合引爆采用复式闭合环导爆管起爆网路，该网路将导爆管雷管分别用四通连成两个独立的分片回路，每个分片连成复式闭合环，平行的两环间用四通多点搭桥连接，形成导爆管复式多重闭合环网路；在闭合环网路中留下多个起爆点，采用主干线并串联电雷管起爆。这样，只要有一个起爆点、一根传爆导爆管有效爆轰，就会使整个网路可靠起爆。

2. 导爆管-导爆索混合起爆网路

由于导爆管使用方便，又有抗外来电干扰的特点，可用导爆管代替电雷管构成导爆管和导爆索混联网路。该网路广泛应用于光面爆破或预裂爆破工程中，在深孔光面爆破时要求光面爆孔各药包同时起爆，常采用导爆索网路，主炮孔考虑毫秒延时采用导爆管网路，这种综合网路安全可靠。

在路堑石方开挖中，为保持边坡的稳定，主炮孔往往采用导爆管起爆网路，边坡预裂孔采用导爆索同时起爆，导爆索可用非电导爆管雷管引爆。在洞室爆破中，为保持边坡的稳定性，可结合使用深孔预裂爆破一次起爆，洞室爆破主爆孔采用非电导爆管雷管-导爆索起爆，预裂炮孔采用导爆索起爆，从而构成了导爆管-导爆索混合起爆网路。

3. 电力-导爆索起爆网路

电力-导爆索起爆网路，通常在深孔爆破或洞室爆破中要采用光面和预裂爆破的情况下使用。在该网路中，利用导爆索能够直接起爆炸药、传爆速度高的特点，使整个药包同时可靠地起爆，而在药包外部或其他药包采用电雷管起爆。

在条形药包洞室爆破中，由于药包长度很大，往往采用不耦合装药，这时要用导爆索沿整个药包敷设，并连接一定数量的导爆索结；而在药室外部采用电雷管网路引爆导爆索，利用导爆索传爆性能好的优点使整个药室同时起爆。同时，装药堵塞施工时由于没雷管，作业比较安全，又发挥电力起爆网路使用仪表检查等优点，从而构成安全可靠的起爆网路。

第二节　钻孔爆破

一、工程地质对爆破的影响

爆破工程地质，是指与爆破工程有关的地质因素的综合，它包括地形地貌、岩体结构类型，以及工程地质特征、水文地质条件、物理地质现象等。其中，地形地貌、岩体结构类型及工程地质特征，是影响爆破作用和效果的最主要因素。在爆破设计时应对爆区内地形地貌做调查，地形地貌是爆破工程最基本的边界条件，直接关系到爆破作用和效果；同时应对爆区内的岩石进行全面分析和评价，一般岩石容重越大，其坚固性也越高，单位耗药量也随之增加；岩体不是理想的均匀介质，被节理、裂隙、断层等地质结构面所切割呈现各种形态，表现出复杂的物理力学特性，对爆破作用有很大影响。

岩体结构是指在各历史时期由于各种内外动力作用在地壳上留下的地质运动的构造痕迹。与爆破有密切关系的地质构造是岩体的层理、褶皱、断层、节理、裂隙及其相互间的空间关系。岩体结构面的产状即为岩体结构面在空间的位置状态，通常用走向、倾向、倾角来表示，称为岩体产状三要素。

岩体结构的差异，工程中对爆破的整体效果或局部产生影响，也可引起不同的爆破危害效应，岩体结构的影响在工程爆破中应给予足够的重视。

（一）岩石的爆破特性

衡量岩石爆破性能的主要指标是单位耗药量，通常为在水平地面条件下，爆破形成标准抛掷漏斗时，爆破单位体积岩石所需的炸药用量。岩石的坚固性与岩石容重和爆破有密切关系，一般是岩石容重越大，其坚固性也越高，岩石单位耗药量也随之增加。岩石的节理、裂隙、孔隙、断层等地质结构对爆破作用也有很大影响。

爆破施工中岩体自由面的大小及数量对爆破效果也带来较大影响，当爆破自由面越小和越少时，爆破受到的夹制作用越大，使爆破破碎效果差，炸药单耗增大。此外，爆破时炸药与岩石的耦合状态、炸药直径、堵塞质量、装药结构、爆破方式都会不同程度影响爆破效果。在爆破施工中要合理选择炸药的类型，选择炸药的波阻抗与岩石波阻抗相匹配，使其匹配系数尽可能接近 1，以达到最大限度地破碎岩石、提高炸药能量利用率、改善爆破效果的目的。爆破各种岩石的单位耗药量，应考虑各种综合因素，由现场试验确定，以达到良好的工程爆破效果，有效控制爆破影响，以优质、高效、安全为准则。各类不同岩体特征及坚固系数的岩土，相应的抛掷爆破和松动爆破的单位耗药量不同。

（二）岩性及结构对爆破的影响

1. 岩性对爆破的影响

岩石的基本性质决定了岩石的可钻性和可爆性，也影响爆破参数的选择。爆破设计中，计算参数的选取与岩性有密切关系：①炸药品种的选择；②岩石单位体积炸药耗药量的确定；③进行爆破漏斗及方量计算时的压缩圈系数、上破裂线系数、预留保护层厚度系数、药包间排距；④岩石的爆破松散系数、抛掷堆积计算的抛距系数和塌散系数；⑤爆破安全计算中的不逸出半径、地表破坏圈范围，以及爆破振动计算中的有关系数等。

2. 岩体结构对爆破的影响

严重影响爆破效果和爆破设计参数的地质构造，主要是岩层层理、软弱带（面）、断层、节理、不整合面、沉积间断面、岩浆岩与围岩的接触面等，这些地质构造几乎到处存在。因此，在爆破施工时应充分摸清爆破地段内岩体构造的分布、产状等特征，认真研究它们对爆破效果的影响，并设法利用其有利条件得到理想的爆破效果。工程中遇到最多和对爆破影响较大的是岩层层理和层理裂隙，特别在石灰岩、板岩、片岩等不同种类岩石相间的岩层中尤为突出。

（1）岩层走向对爆破影响

岩层走向与爆破作用方向之间的关系：爆破作用（最小抵抗线 W）方向与岩层走向，决定着沿纵向发展的爆破漏斗的大小、形状和破坏的扩张方向。最小抵抗线与岩层走向相交时，该侧岩体即被破坏、切断，另一侧基本上沿装药附近岩层滑出；当最小抵抗线与岩层走向平行时，药包两侧岩体将难以破坏和切断，洞室爆破时基本上沿药室洞壁或在 1~2m 内的岩层滑出，可能形成极其狭窄的纵向槽型爆破漏斗，使药包间留下隔墙。

岩层走向对爆破效果的影响：当爆破作用方向与岩层层理垂直时，爆破方量较正常情况增加；与层理方向平行时，爆破方量减小，而岩石被抛出的距离增大。当相互斜交时，则对岩石的抛掷方向略有影响。爆破地段有较厚的覆盖层，下部基岩层理与边坡倾角相近时，爆破后漏斗内覆盖层虽大量抛出，但上边坡土石可能滑塌填满漏斗，使有效的抛掷率减少；当山坡较高，覆盖层较厚时，爆破后往往引起整个覆盖层沿基岩面滑动，使爆破破裂线向上延伸至数十米，造成大量塌方的恶果。

（2）软弱层带对爆破影响

泄能作用：当软弱围岩带或软弱围岩面穿过爆源通向临空面，或者爆源到临空面间软弱带或软弱面的长度小于药包最小抵抗线 W 时，炸药的能量便可能以“冲炮”或其他形式泄出，使爆破效果明显降低。

应力波的反射作用：由于软弱带内部介质的密度、弹性模量和纵波速度均比两侧岩石的值小，当爆炸波传至界面处发生反射、折射等时，使软弱等迎波一侧岩石的破坏加剧。对于张开的软弱面，这种作用更为明显。

楔入作用：由于炸药爆炸后高温高压气体的膨胀，沿岩体软弱带高速侵入，使岩体沿软弱面发生楔形块裂破坏。

（3）节理裂隙对爆破的影响

当岩体内有几组节理裂隙较发育，将岩体分割成“半散体”结构时，爆破后岩体基本沿原裂隙解体，爆堆大块率较高，如增加爆破药量而大块石不减少，反而容易产生飞石。通过分析结构面对爆破过程的作用，在爆破施工中选择相关爆破参数时，应充分利用结构面的有利作用，避开不利作用，才能获得满意的爆破效果。

（4）结构面对爆破的影响

围岩中的爆破裂隙往往沿围岩中原有的控制性结构面而产生，其发展规模（宽度与长度）和一次起爆的药量、药包与结构面的距离、围岩的破碎程度及结构面的规模有关。当一次起爆的药量较大，围岩结构破碎疏松，结构面规模较大时，药包距结构面越近，爆破后裂隙规模越大。如果药包布置在结构面中，爆破时会沿结构面产生冲炮与泄能作用，同时，也会使爆破高温高压气体进入相交的结构面中，造成结构面扩大开裂，形成较大的爆破裂隙。也可切穿多个岩层，与地下含水层或地表水贯通，产生突水、渗漏等灾害，因此，禁止将药包布置在结构面中。

3. 岩石的物理力学性质对凿岩爆破的影响

（1）硬度

岩石抵抗工具侵入的性能；岩石硬度越大，凿岩造孔速度越慢。

（2）强度

岩石抵抗压缩、拉伸及剪切作用的性能。岩石一般抗压强度最大，抗拉力为抗压强度的 1/50～1/10，而抗剪强度约为抗压强度的 1/12～1/8。其中，抗压强度是决定岩石等级的主要指标之一。

(3) 弹性、塑性

弹性为岩石受力变形，当外力除去后，恢复其原来形状和体积的性能。塑性是外力除去后，岩石不能恢复其原来形状或体积的性质。因为岩石在弹塑性变形过程中，要消耗大量的能量，对开挖爆破有不良影响。

(4) 韧性

岩石抵抗被外力作用分裂成碎块的性能。它取决于岩石颗粒彼此之间以及颗粒与胶结物之间的凝聚力的大小。韧性大的岩石，开挖爆破较困难，不易破碎。

(5) 脆性

岩石不经过显著的残余变形而破坏的性能，脆性岩石变形过程中能量损失小，容易破碎。

(6) 密度

岩石的密度影响爆破破坏过程、爆破冲击波在岩体内的传播速度，以及在不同密度岩层中的应力分布。

(7) 容重

岩石容重是决定单位耗药量 K 值的主要指标之一。

(三) 岩石爆破与炸药选型

1. 炸药选型因素

在开挖岩石时要取得良好的爆破效果，炸药的正确选型十分重要。根据炸药和岩石的波阻抗值匹配理论，炸药的波阻抗值（$\rho_e v_e$ 为炸药密度与爆速乘积）与岩体的波阻抗值（$\rho_e v_e$ 为岩体密度与纵波速乘积）相等时，有利于炸药爆炸波能量传入岩体内，能量利用率最大，从而最大限度地破碎岩石，使爆破效果最佳。然而实际爆破中难以实现炸药和岩石波阻抗值的完全匹配，特别在硬岩爆破中更难实现。坚硬岩石一般波速高、密度大，如秦岭隧洞的混合花岗片麻岩，岩石密度达到 2 750kg/立方米，波速为 5 500~6 000m/s，则波阻抗值$\rho_y v_y > 1.5 \times 107\text{kg}/(\text{m}^2 \cdot \text{s})$ 。而炸药的密度通常为 1100~1 300kg/立方米，若要使炸药爆轰波阻抗与硬岩波阻抗完全匹配，炸药爆速要达到 1 000m/s 以上，这显然不可能。常规炸药中爆速最高的胶质炸药也只能达到 7 000m/s，所以，在炸药选型时不能过于强调波阻抗匹配系数，而应综合考虑多方面因素。

为此，提出以下 3 条硬岩爆破时炸药选择原则：①遵循炸药和岩石波阻抗匹配理论，在硬岩爆破时宜选择高爆速、高密度、高威力的炸药品种；②应考虑各种炸药的性能及价格比，选择优质价廉的炸药，较高的爆速和合理价格；③在长距离隧洞中采用独头通风时，因通风困难，宜选择爆破后炮烟少，有毒有害气体含量低的炸药。

2. 炸药和岩石匹配

可用提高装药密度来提高炸药的波阻抗，尽量使炸药的波阻抗接近岩石波阻抗。同时，应充分利用应力波的作用和使爆破气体在岩石孔内作用时间延长，使爆破能量在岩石中有效、完全利用。衡量炸药和岩石的合理匹配方法是：①对于弹性模量高，泊松比小的致密坚硬岩石，选用爆速和爆压较高的炸药；②对于中等坚固性岩石，选用爆速和威力居中的炸药；由于围岩裂隙发育，围岩内部难以积蓄大量弹性能，爆破初始应力波不易起到破碎作用，这样宜选用爆压中等偏低的炸药；③对于软岩、塑性变形大的岩石，爆破应力波大部分消耗在空腔的形成，当围岩本身弹性模量低，这时宜选用爆压较低、爆热较高的铵油炸药。

二、台阶爆破

（一）台阶爆破特点

台阶爆破（也称梯段爆破）是工作面以台阶形式推进的爆破方法。按孔径、孔深的不同，分为深孔台阶爆破和浅孔台阶爆破，其中深孔台阶爆破使用更广。通常孔径大于50mm、孔深大于5m时称为深孔台阶爆破，反之称为浅孔台阶爆破。台阶爆破有一个作业平台，有利于机械化作业，作业条件稳定，安全可靠，生产效率高，可调整各项爆破参数，控制爆破块度及爆堆形态，且可实施规格化施工，以满足工程需要。台阶爆破至少有2个自由面，可布置多排炮孔，采用毫秒延期起爆，具有破碎效果好、振动影响小、一次爆破方量大等优点，具有安全、经济、高效的特点，得以广泛应用，是水利水电工程建筑物基础开挖、边坡开挖、石料开采及地下洞室开挖等主要爆破方式。由于浅孔台阶爆破台阶低，作业频繁，生产效率低，单耗有所增加，常在必要的控制爆破中应用，如小型沟槽开挖、保护层一次爆除、地下洞室开挖、沟渠桥涵基础开挖等。

深孔台阶形式根据坝基、坝肩、料场设计要求而定。其台阶的高度是根据围岩的岩性和围岩节理的发育情况、钻孔机具、爆破方式、装运设备、爆破工程量、工程特点等因素，并结合基岩的开挖几何尺寸来确定；台阶的宽度则是根据爆破方量、安全因素、围岩地质条件、钻机性能、装运设备的能力而定；台阶的长度由现场地形、地质条件，以及爆破施工的工程量来控制。

水利水电工程的深孔台阶爆破应控制爆破石渣块度和爆堆，应能适合装载机与挖掘机械作业，如爆渣需要利用，其爆破块度和级配应符合设计的有关要求。爆破时应控制保留边坡围岩的破坏范围，应采取措施减小爆破振动、空气冲击波、爆破飞石等有害效应。

深孔台阶爆破一般采用毫秒延时爆破法，按其起爆顺序和方式的不同又分为多种爆破方法，如同排齐发爆破、同排毫秒微差爆破、同排与不同排按一定顺序起爆的毫秒微差有序爆破、小抵抗线宽孔距微差爆破、微差压渣爆破等。

1. 同排齐发爆破

同排炮孔之间用导爆索连接，排间导爆索用不同段毫秒雷管进行引爆，称为排间齐发爆破法。该爆破方法操作简单，不容易发生连接错误。但用导爆索自上而下引爆炸药，易造成堵塞段不密实，有爆破气体泄漏，减少气体在炮孔内的做功时间，不利于对岩石的破裂，该方法在水利水电施工中应用已逐渐减少。

2. 同排毫秒微差爆破

同排炮孔中装入同一段毫秒延期雷管，不同排使用不同段雷管的起爆方法称为同排毫秒微差爆破。同段毫秒延期雷管间存在误差，它们不能像齐发爆破那样相邻炮孔起爆时差较小，而是大于1毫秒，乃至数十毫秒。同排雷管先响与后响，无法预测。这种利用雷管自身误差达到微差目的的爆破，对岩石破碎有利，一般在孔数、排数不是特别多的情况下使用。

3. 毫秒微差有序爆破

同排或多排炮孔按设计规定的顺序起爆方法，称为微差有序爆破法。该方法常采用塑料导爆管雷管起爆系统，当每个炮孔内再分段时，可构成孔间、孔内微差有序爆破。爆破时每1孔均处于3个自由面较好条件，使岩石在爆破中得到充分破碎。在较多炮孔爆破时更加显示其优越性，这是一种比较先进的起爆方法。

4. 小抵抗线宽孔距微差爆破

这是瑞典人U. Langefors（兰格福斯）等提出的爆破方法。其实质是在一个钻孔所能担负面积的条件下，间排距乘积相等时孔、排距有多种组合，以其间距等于2~8倍抵抗线（排距）时取得较好效果。我国台阶爆破施工中孔距是抵抗线的2~4倍者采用较多，使用该爆破方法能获得比较均匀的岩石块度。孔距与抵抗线（排距）的比值也称为炮孔密集系数。

5. 微差压渣爆破

在台阶前还存有未清完的爆渣条件下进行的深孔台阶爆破，该方法称为微差压渣爆破。国内水电建设中，坝体石料开采常采用微差压渣爆破法。微差压渣爆破法也存在以下缺陷：①当台阶前留有底坎，压渣无法清除时，会使后续台阶爆破不能炸到设计的高程，造成台阶根部的爬高；②由于台阶底部留有底坎，使底坎和堆渣造成抵抗线过大，爆炸能量向台阶后延伸，造成台阶后部严重拉裂，会给后续台阶钻孔带来困难；③爆破后爆堆增高，炸药单耗增大，增大了爆破振动影响。

（二）台阶爆破设计程序

台阶爆破设计时首先应考虑以下因素：岩石性质及地质构造、台阶高度、爆破规模、爆破效率、钻孔与石料装运方法、钻孔爆破成本、环境安全措施等。对以上7个因素进行详细分析后，再确定爆破方法与选择相关爆破参数，选择钻孔设备与装运机械。爆破实施前应进行爆破试验，选择适合施工的爆破参数。

台阶爆破的设计程序有多种，应根据工程开挖爆破的设计要求确定，这里选择一种工程中应用较多的设计顺序。

1. 选定台阶高度

在工程招标文件及设计文件中，一般都规定了台阶爆破的台阶高度。即便没有做出规定的工程，在规划设计中也会先定出台阶高度，可根据工程实测地形和开挖断面做适当调整。

2. 确定钻孔直径和钻孔角度

根据工程量和台阶高度，结合设备性能特点，确定钻孔直径。同时，结合地形特点确定是采用垂直钻孔还是倾斜钻孔。

3. 确定爆破参数

计算抵抗线、确定炸药单耗、炮孔装药密度、孔内装药长度等参数。

第一，根据工程地质情况选定炸药单耗和炮孔装药密度。确定采用耦合装药还是不耦合装药，这与开挖的部位有关，一般接近保护层部位，或降低爆破振动的部位，宜采用不耦合装药。采石料场及水工建筑物的次要部位宜用耦合装药，以改变钻爆比，减少钻孔量。

第二，确定超钻深度，并根据确定的台阶高度及超钻深度算出实际孔深。

第三，计算抵抗线（或选定抵抗线），应注意调整好第一排孔的抵抗线。如选用兰格福斯的计算法，必须计算出最大抵抗线，它主要用于计算底部装药量。但实际选用时不宜直接用最大抵抗线，要考虑钻孔偏差及爆破的其他要求，选用合适的抵抗线值。

第四，在考虑装药结构的同时，确定炮孔的装药长度和堵塞长度。

4. 确定孔网参数

确定孔网参数（孔距、排距、炮孔密集系数）有以下2种方法：

第一种方法，首先算出一个炮孔承担的面积，根据算出的面积和台阶高度计算每个炮孔的爆破方量，然后乘以炸药单耗得出每个炮孔的装药量。根据该药量核算炮孔在装药段内能否装下炸药，若炮孔装药段有富余空间，可计算采用不耦合装药能否满足设计要求，若不能满足设计要求，可另行设定每孔承担面积，再重新核算，直至满意为止。在选定的炮孔承担面积后，再根据设计对爆破效果的要求和计算（选定）的抵抗线，确定钻孔间距，必要时也可再调整抵抗线。但是，炮孔间距与抵抗线的乘积应等于该面积。然后，再确定装药结构。

第二种方法，根据装药密度、钻孔直径和装药长度，算出单孔装药量；然后除以炸药单耗，得出单孔爆破方量；将该方量再除以台阶高度后即得单孔承担面积；依据该面积和抵抗线再计算钻孔间距，也可再调整抵抗线和间距以满足爆破效果和设计要求。该方法使用耦合装药时最有效。

5. 确定起爆顺序及间隔时间

参照爆破振动控制参数，确定最大单段药量，计算毫秒延时分段数量，设计起爆网路。

6. 爆破设计

爆破设计应包括以下内容：

第一，确定爆破方案。

第二，选择合理的台阶要素。

第三，选择钻孔形式、钻机类型、布孔方式。

第四，爆破参数设计，包括：孔径、孔深、超深、底盘抵抗线、堵塞长度；孔网参数（孔距、排距、炮孔密集系数）；装药结构；单位炸药消耗量，单孔装药量及总装药量；起爆网路设计等。

第五，爆破安全计算和校核，安全防护措施。

第六，确定安全警戒范围。

第七，施工组织设计。

第八，技术经济分析。

第九，主要附图，包括爆区平面图、台阶断面图、起爆网路图、安全警戒范围图等。

（三）台阶爆破设计

台阶爆破参数包括：炮孔布置、孔径、孔深、底盘抵抗线、孔距、排距、堵塞长度、单位炸药消耗量等。采用合理的台阶参数对于改善爆破效果、降低工程成本有着重要作用。

1. 炮孔布置

台阶爆破一般采用垂直炮孔与倾斜炮孔，个别情况下采用水平炮孔形式。垂直炮孔与倾斜炮孔，两者在作用原理和施工工艺上均有一定的差别。随着钻孔机具的改进，倾斜孔的使用逐渐增多。

台阶爆破布孔方式主要有单排布孔和多排布孔两种。多排布孔又分正方形、矩形和梅花形。多排孔中钻孔的孔距可做相应调整，如梅花形钻孔可加大孔距改变钻孔密集系数。

从炮孔施工方面考虑，矩形布孔更易于准确定位，钻机的移动次数较少。但是从能量均匀分布的特性来看，采用梅花形布孔更为理想。梅花形布孔对台阶两端不易获得均匀整齐的岩面，常常要进行补孔来解决该问题。在台阶爆破施工中采用何种布孔形式，应根据台阶爆破作业要求、岩体性质以及工作面具体情况等因素综合考虑。

2. 钻孔直径

钻孔直径与最小抵抗线及孔距密切相关，也与炸药性能、爆破效果、爆破规模、钻孔效率有关。根据现场的生产规模、开挖工程量、台阶大小、台阶高度、钻孔成本等来选择钻机及钻头直径。

由于施工条件、爆破对象、钻孔机械的不同，所采用的孔径大小不一，按《水工建筑物岩石基础开挖工程技术规范》（DL/T 5389）的规定，台阶爆破不宜大于150mm，紧临保护层的台阶爆破及预裂爆破、光面爆破不宜大于110mm，保护层爆破不宜大于50mm；按《水工建筑物地下开挖工程施工技术规范》（DL/T 5099）的规定，地下工程开挖钻孔直径宜小于110mm，地下工程施工中，除大断面的地下厂房大直径洞室外，均采用小台阶爆破，钻孔直径宜小于50mm，较小的钻孔直径有利于控制爆破影响。

确定钻孔直径时还应考虑使用的炸药。在深孔台阶爆破时，炮孔内装填的药卷直径应小于炮孔直径，在坝基开挖中，一般采用药径小于孔径的不耦合装药方式，减弱爆破对保留基岩的破坏影响，孔径宜与所使用的药卷直径相匹配。

对于水工建筑物次要部位和料场的开挖，为了提高爆破效率，宜采用和炮孔直径相接近的炸药（即耦合装药）。

3. 台阶高度

台阶高度的确定除与地形条件和设计开挖高程有关外，还应考虑地质情况、钻孔精度、爆堆高度与装载设备匹配的影响等因素，综合分析确定。一般按施工现场现有的钻机、装载设备、现场开挖条件来确定台阶高度。对岩体较差的部位，台阶高度不宜设置过高，避免边坡开挖后失稳；设计对边坡开挖要求较高时，台阶高度也不宜设置过高，以避免影响边坡开挖后的效果。此外，台阶高度还应与挖装机械相匹配，控制爆堆高度一般为挖掘机高度的 2 倍左右，以增加开挖效率。水利水电工程开挖中，深孔台阶爆破开挖的台阶高度一般为 8~15m。

4. 钻孔深度

钻孔深度为台阶内的钻孔与底部超钻孔深之和，超深钻孔可降低装药中心的位置，以便克服台阶底部阻力，避免或减少留根底，以形成较平整的底部。炮孔超深与岩石的构造和岩性有关，当台阶底部的岩石呈水平层面或有较大的水平节理构造时可不设超深；当岩石软弱或节理裂隙发育时宜超深较小；当岩石较坚硬时应超深较大。一般情况下，台阶高度越高，坡面角越小，这时底盘抵抗线越大，需要的超深越大。超深值一般为 0.5~3.6m，后排孔的超深值一般比前排小 0.5m 左右。

5. 底盘抵抗线

底盘抵抗线是指台阶坡脚至第一排钻孔的最短距离。底盘抵抗线是影响深孔台阶爆破效果的重要参数，底盘抵抗线过大，造成残留根底多、大块率高、爆破振动增大、后冲和侧冲力大；过小的底盘抵抗线，将增大钻孔工作量，浪费炸药，使爆渣堆集分散、产生飞石、增大空气冲击波和噪声等有害效应。底盘抵抗线与炸药威力、岩石可爆性、岩石破碎块度要求、炮孔直径、台阶高度、坡面角度等多种因素有关，在台阶爆破设计中可由经验公式计算，并在施工过程中不断修改和调整，由此获得最佳爆破效果。

6. 堵塞长度

堵塞长度应以控制爆炸气体不过早逸出和减少或不造成岩石飞散为原则，为获得较好的爆破效果，改善堵塞方式。研究表明，将爆炸气体在孔内的作用时间延长并超过 9ms 会使岩石的破碎效果更佳。

确定合理的堵塞长度和保证堵塞质量，对改善爆破效果和提高炸药能量利用率具有重要作用。堵塞长度过大时，将会降低延米爆破量，且可造成台阶上部岩石破碎效果不佳；当堵塞长度过短时，则会造成炸药爆破能量的损失，并产生较强的空气冲击波、噪声，产生个别飞石的危害，影响炮孔下部岩石破碎效果。

堵塞长度与堵塞材料、堵塞质量有关，当堵塞材料密度大和堵塞质量好时，可适当减小堵塞长度。国内台阶爆破时，多采用钻屑作为堵塞材料，国外则用 4~9mm 的砂和砾石作为堵塞材料。

（四）起爆网路

爆破网路是一个关键工序，起爆网路有电爆网路、导爆管起爆网路、导爆索网路。其中，导爆管起爆网路应用比较广泛。在起爆网路连接时应由有丰富施工经验的爆破员操作，要求网路连接人员必须了解整个爆破工程的设计意图、起爆顺序，并能够识别不同段别的起爆器材。

台阶爆破通常采用多排孔毫秒延期起爆，起爆顺序可分为排间、孔间和孔内延期等。多排孔毫秒延期起爆的原理是：①相邻孔的应力波相互叠加，增强岩石的破碎效果；②先爆孔为后爆孔创造新的自由面；③爆落岩石之间相互碰撞增强破碎；④减小单段药量控制爆破振动。

1. 起爆顺序

台阶爆破的多排孔布孔方式只有方形、矩形和三角形，但是起爆顺序却千变万化，归纳起来有很多类型。

排间顺序起爆：排间顺序起爆也称为逐排起爆，炮孔布置以一个临空自由面的首排，依次按照爆破网路设计的起爆时差安排顺序爆破，该起爆顺序又分为排间全区顺序起爆和排间分区顺序起爆。其特点是设计、施工简便，爆破后爆堆分布比较均匀整齐。

为了控制单段起爆药量，减少爆破振动影响，水利水电工程中的深孔台阶爆破，常采用单孔毫秒延时或孔内毫秒延时，实施孔间有序微差爆破，既控制了单段起爆药量，同时也取得良好的爆破效果。

孔间顺序延时起爆的特点，在水利水电工程中有推广应用价值。适用于多种爆破形式：①大坝、厂房基础等部位的开挖，可减少预留保护层的厚度；②保护层一次爆除，常采用单孔连续爆破；③周围有重要建筑物部位的爆破，可以大大减少单段起爆药量，从而有效地降低地震强度，保证建筑物安全，如水工建筑物围堰拆除，坝体局部拆除，等等；④用于高边坡部位的开挖，有利于保护边坡岩体的完整性和边坡的稳定性；⑤在地下厂房及洞群组成的地下工程开挖中，有利于保护洞与洞、洞与厂房之间岩体的完整性，对减少塌方有一定的作用。

2. 毫秒延期间隔时间

确定合理的爆破毫秒延期间隔时间，是优化爆破效果的关键。毫秒延期间隔时间的选择主要与岩石性质、抵抗线、岩体移动速度，以及对破碎效果和减振的要求等因素有关。选择合理的毫秒延期间隔时间，应能得到良好的爆破破碎效果和最大限度地降低爆破振动效应，还应保证先爆孔不破坏后爆孔及其网路。毫秒延期时间的确定，大多采用经验方法。

（五）浅孔台阶爆破

浅孔台阶爆破孔径不超过于50mm、孔深小于5m。露天浅孔台阶爆破与深孔台阶爆破，两者的基本原理相同，工作面都是以台阶的形式向前推进，不同点仅仅是孔径、孔深、爆破规模较小。在特殊情况下，由于设备的限制，浅孔台阶爆破也可以采用较大的炮孔直径，但不宜超过70mm。浅孔台阶爆破的适用范围较广，它既有一定的优势，但也有不足之处。

三、光面爆破和预裂爆破

实现光面爆破的技术措施有两种：一是开挖至边坡线或轮廓线时，预留一层厚度为炮孔间距1.2倍左右的岩层，在炮孔中装入低威力的小药卷，使药卷与孔壁间保持一定的空隙，爆破后能在孔壁面上留下半个炮孔痕迹；另一种方法是先在边坡线或轮廓线上钻凿与壁面平行的密集炮孔，首先起爆以形成一个沿炮孔中心线的破裂面，以阻隔主体爆破时地震波的传播，还能隔断应力波对保留面岩体的破坏作用，通常称预裂爆破。这种爆破的效果，无论是形成光面或保护围岩稳定，均比光面爆破好，是隧道和地下厂房以及路堑和基坑开挖工程中常用的爆破技术。

四、定向爆破

定向爆破是利用最小抵抗线在爆破作用中的方向性这个特点，设计时利用天然地形或人工改造后的地形，使最小抵抗线指向要填筑的目标。这种技术已广泛地应用在水利筑坝、矿山尾矿坝和填筑路堤等工程上。它的突出优点是在极短时期内，通过一次爆破完成土石方工程挖、装、运、填等多道工序，节约大量的机械和人力，费用省，工效高；缺点是后续工程难于跟上，而且受到某些地形条件的限制。

五、控制爆破

控制爆破不同于一般的工程爆破，对由爆破作用引起的危害有更加严格的要求，多用于城市或人口稠密、附近建筑物群集的地区拆除房屋、烟囱、水塔、桥梁，以及厂房内部各种构筑物基座的爆破，因此，又称拆除爆破或城市爆破。

控制爆破所要求控制的内容是：

①控制爆破破坏的范围，只爆破建筑物要拆除的部位，保留其余部分的完整性。

②控制爆破后建筑物的倾倒方向和坍塌范围。

③控制爆破时产生的碎块飞出距离，空气冲击波强度和音响的强度。

④控制爆破所引起的建筑物地基震动及其对附近建筑物的震动影响，也称爆破地震效应。

爆破飞石、滚石控制。产生爆破飞石的主要原因是对地质条件调查不充分、炸药单耗太大或偏小造成冲炮、炮孔偏斜抵抗线太小、防护不够充分、毫秒起爆网路安排特别是排间毫秒延迟时间安排不合理造成冲炮等。监理工程师应会同施工单位爆破工程师，现场严格要求施工人员按爆破施工工艺要求进行爆破施工，并考虑采取以下措施：

①严格监督对爆破飞石、滚石的防护和安全警戒工作，认真检查防护排架、保护物体近体防护和爆区表面覆盖防护是否达到设计要求，人员、机械的安全警戒距离是否达到了规程的要求等。

②对爆破施工进行信息化管理，不断总结爆破经验、教训，针对具体的岩体地质条件，确定合理的爆破参数。严格按设计和具体地质条件选择单位炸药消耗量，保证堵塞长度和质量。

③爆破最小抵抗线方向应尽量避开保护物。

④确定合理的起爆模式和延迟起爆时间，尽量使每个炮孔有侧向自由面，防止因前排带炮（后冲）而造成后排最小抵抗线大小和方向失控。

⑤钻孔施工时，如发现节理、裂隙发育等特殊地质构造，应积极会同施工单位调整钻孔位置、爆破参数等；爆破装药前验孔，特别要注意前排炮孔是否有裂缝、节理、裂隙发育，如果存在特殊地质构造，应调整装药参数或采用间隔装药形式、增加堵塞长度等措施；装药过程中发现装药量与装药高度不符时，应说明该炮孔可能存在裂缝并及时检查原因，采取相应措施。

⑥在靠近建（构）筑物、居民区及社会道路较近的地方实施爆破作业，必须根据爆破区域周围环境条件，采取有效的防护措施。常用的飞石、滚石安全防护方法有：一是立面防护。在坡脚、山体与建筑物或公路等被保护物间搭设足够高度的防护排架进行遮挡防护，在坡脚砌筑防滚石堤或挖防滚石沟。二是保护物近体防护。在被保护物表面或附近空间用竹排、沙袋或铁丝网等进行防护。三是爆区表面覆盖防护。根据爆区距离保护物的远近，可采用特种覆盖防护、加强覆盖防护、一般防护等。

⑦若工程有多处陡壁悬崖，要及时清理山体上的浮石、危石，确保施工安全。

六、松动爆破

松动爆破技术是指充分利用爆破能量，使爆破对象成为裂隙发育体，不产生抛掷现象的一种爆破技术，它的装药量只有标准抛掷爆破的40%~50%。松动爆破又分普通松动爆破及加强松动爆破。松动爆破后岩石只呈现破裂和松动状态，可以形成松动爆破漏斗，爆破作用指数$n \leqslant 0.75$。该项技术已广泛应用于各类工程爆破之中，并取得了显著的经济效益。在煤炭开采中，松动爆破为多种采煤方法的应用起助采作用，属于助采工艺，特别是在煤层中含有夹矸带的开采中，因此，研究松动爆破技术对于提高煤炭开采效果具有重要意义。

松动爆破的爆堆比较集中，对爆区周围未爆部分的破坏范围较小。

（一）爆破机理

1. 煤岩体松动爆破的机理

由钻孔爆破学可知，钻孔中的药卷（包）起爆后，爆轰波就以一定的速度向各个方向传播，爆轰后的瞬间，爆炸气体就已充满整个钻孔。爆炸气体的超压同时作用在孔壁上，压力将达几千到几万兆帕。爆源附近的煤岩体因受高温高压的作用而压实，强大的压力作用结果，使爆破孔周围形成压应力场。压应力的作用使周围煤体产生压缩变形，使压应力场内的煤岩体产生径向位移，在切向方向上将受到拉应力作用，产生拉伸变形。由于煤岩的抗拉伸能力远远低于抗压能力，故当拉应变超过破坏应变值时，就会首先在径向方向上产生裂隙。在径向方向上，由于质点位移不同，其阻力也不同，因此，必然产生剪应力。如果剪应力超过煤岩的抗剪强度，则产生剪切破坏，产生径向剪切裂隙。此外，爆炸是一个高温高压的过程，随着温度的降低，原来由压缩作用而引起的单元径向位移，必然在冷却作用下使该单元产生向心运动，于是单元径向呈拉伸状态，产生拉应力。当拉应力大于煤岩体的抗拉强度时，煤岩体将呈现拉伸破坏，从而在切向方向上形成拉伸裂隙，钻孔附近形成了破碎带和裂隙带。

另外，由于钻孔附近的破碎带和裂隙带，破坏了煤岩体的整体性，使周围的煤岩体由原来的三向受力状态变为双向受力状态，靠近工作面时，进一步转为单向受力状态，从而使煤岩体的抗压强度大为降低。在顶板超前支承压力作用下，增大了煤岩的破碎程度，采煤机的切割阻力减小，加快了割煤速度，从而起到了松动煤体的作用。

2. 不耦合装药的机理

利用耦合装药（即药包和孔壁间有环状空隙），空隙的存在削减了作用在孔壁上的爆压峰值，并为孔间提供了聚能的临空。而削减后的爆压峰值不致使孔壁产生明显的压缩破坏，只切向拉力使炮孔四周产生径向裂纹，加之临空的聚能作用使孔间连线产生应力集中，孔间裂纹发展，而滞后的高压气体沿缝产生“气刀”劈裂作用，从而使周围孔间的裂纹完全连接。

（二）安全要求

1. 凿岩

凿岩前清除石方顶上的余渣，按设计位置清出炮孔位。

凿岩人员应戴好安全帽，穿好胶鞋。

凿岩应按本方案设计，对掏槽眼（辅助眼）、周边眼应根据孔距、排距、孔眼深和孔眼倾斜角进行操作。

孔眼钻凿完毕后，应清除岩浆，并用堵塞物临时封口，以防碎石等杂物掉入孔内。

2. 装药

本工程采用乳化装药，各单孔采用非电毫秒微差雷管，集中后由微差电雷管引爆。

单孔药量和分药量，分段情况应按本设计方案进行，装药后应认真做好堵塞工作，留足堵塞长度，保证堵塞质量。

3. 起爆

各单孔内分段和各单孔间分段应严格按设计施工，严禁混装和乱装。

孔外电雷管均为串联连接，电雷管应使用同厂同批产品，连接前应用爆破欧姆表测量每只电雷管电阻值，并保证在±0. 2 的偏差内。

起爆电雷管应用胶布扎紧，并将其短路后置于孔边，待覆盖完成后再次导通，并进行全网连接。

网络连接后，应测出网路总电阻，并与计算值相比较，若差值不相符合，应查明原因，排除故障，防止错接、漏接。

起爆电源若为直流电，则通过每只电雷管的电流不得小于 2. 5A，若为交流电则不少于 4A。

起爆前，网路连接好的爆破组线应短路并派专人看管，待警戒好后指挥起爆人员下达命令后方可接上起爆电源，下达起爆指令后方可充电起爆。若发生拒爆，应立即切断电源，并将组线短路；若使用延期雷管，应在短路不少于 15 分钟方可进入现场，待查出原因，排除故障后再次起爆。

4. 警戒

做好安全警戒工作是保证安全生产的重要措施，所有警戒人员应听从警戒指导小组下达的指令，做好各警点的警戒工作。

具体的安全警戒措施如下：

①做好安民告示，向周围单位和居民送发爆破通知书，说明爆破及有关注意事项，并在明显地段张贴公安局、业主、施工单位联合发布的《爆破通知》。

②当爆破作业开始警戒时应吹哨，各警戒人员各就各位，通知工地所有人员撤离到爆破现场以外安全区。

③当起爆指挥员接到警戒员已做好警戒工作的通知，起爆员接到指令，应为吹 3 声长哨，开始充电，后再次吹 3 声短哨起爆。

④起爆后，应过 5 分钟后，爆破作业员方可进入爆区检查爆破情况。确认安全起爆无险情后，吹 1 声长哨解除警戒放行。

第三节　水下爆破

水下爆破，指在水中、水底或临时介质中进行的爆破作业。水下爆破常用的方法有裸露爆破法、钻孔爆破法以及洞室爆破法等。水下爆破原理就是利用乳化炸药爆炸时产生的爆轰现象，主要由其中的冲击波能（冲击破坏）和高能量密度气体（能产生破坏力极强的气泡脉动效应）所产生的剧烈破坏作用将水下结构破坏。爆破工程的主要材料是炸药，炸药是易燃易爆物品，在特定条件下，其性能是稳定的，储存、运输、使用时也是安全的。进行爆破作业时，最重要的是怎样使效率提高、完全发生爆炸并且能安全进行操作。

一、水下爆破工程作业流程

水下爆破是一项复杂的工程，涉及的因素很多，诸如天气、海水能见度、海潮状况、水流状态、水下作业深度等，特别是爆炸物品均储放在作业船上，其安全性尤为重要。因此，进行水下爆破作业时必须严格按照制定的安全规则、作业方案、海情状况进行爆破作业。

二、水下爆破作业流程

（一）资质的审核

立项做水下爆破工程时，首先要对承接爆破作业单位和其工程技术人员的资格进行资质审核（该项工作需要工程甲方单位协助到当地公安部门进行审核），并办理水下爆破工程的相关手续，只有在当地公安部门（市、县级）批准的情况下，才能实施水下爆破工程。在通航的海域进行水下爆破时，一般应在 3 天之前由港监发布爆破施工通告。

（二）探摸

在实施水下爆破工程前，首先要了解需爆破清除船只的有关具体情况（沉船的结构参数、沉船姿态、所处水深、淤泥掩埋状况、沉船海域的海况等一系列相关情况）。

（三）制订爆破方案

根据潜水员的水下探摸情况及对清航的要求，制订出切实可行的爆破方案。方案中包括工程所需的爆破器材的需求量和品种、爆破指挥机构和作业人员的组成（包括在爆破技术专业人员指导下参与工作的甲方人员）及分工、安全作业规则等。

（四）采购爆炸器材

到当地公安部门批准的单位（指定的商业部门和工厂）预定或采购定制爆破器材（主要是根据水深定制生产适合的炸药）。爆破器材到位后，应将所有的爆破器材按其功能和危险等级分别放置在作业船舶规定的安全区域内（炸药可以码放在甲板上，并用苫布盖好，起爆器材放到距离炸药安全距离外的专用船舱内的可锁铁皮柜子内），炸药和起爆器材必须严格分离存放，其距离必须在规定的安全距离之外。

（五）爆破作业前的准备工作

到达作业海域后，作业船舶应在有利于爆破作业（探摸和下炸药）的地方定位抛锚停泊。根据爆破方案准备爆破器材（甲方人员可以在爆破技术专业人员的指导下协助捆扎炸药条和其他的准备工作）；按爆破方案潜水员进行水下探摸及布设炸药前期的其他准备工作（如对布放炸药线路上的船体钢板进行电焊打孔，安放捆扎固定炸药条的物品，安置布设炸药网络的标志物等）。

（六）布放炸药作业

在完成所有爆破作业前的准备工作后（尤其是要了解作业海域的天气是否能连续作业多天。因为一旦布放了炸药就要在最短的时间内进行爆破，炸药长时间在水下浸泡将影响炸药的性能甚至完全失效，这一点非常重要），才能实施布放炸药的作业。布放炸药时，必须严格按照爆破专业技术人员制定的工艺要求进行布放；炸药布放完毕后，须指派有经验的潜水员对安放的炸药进行复查（主要检查炸药条是否按要求进行布放、捆绑；有无漏捆、断接的地方；炸药网络“T”字形处炸药的搭接方向是否一致等重要部位的情况）。在潜水员出水报告布放的炸药达到作业规定要求后，才能安放最终起爆装置（起爆头）实施爆破作业。

（七）点火起爆

作业母船驶离爆破作业点并在安全距离之外巡海等候，爆破现场只留执行爆破点火作业的小船，小船上只留有必要的作业人员。作业母船按照有关规定在爆破海域施放警报，瞭望巡视附近海面确无其他船只航行时，工程总指挥方能下令点火作业人员实施起爆作业。

（八）清除油污

爆破作业实施后，作业母船返回作业地点。如果作业海域有油污的话，则首先须进行油污清除工作。

（九）探摸爆炸效果

等作业海域的海况符合作业条件后（主要指海水能见度达到一定的清晰度），派潜水员下水对爆破效果进行探摸（爆破后沉船体将产生许多锋利破碎钢板，为确保潜水员的安全，严禁重潜人员下水探摸！探摸任务应由背气瓶的轻潜人员担任）。

（十）再次爆破的准备或收工撤场

根据潜水员的探摸情况，制订出下一步的方案：①须进行再次爆破，则制订出下一步的爆破方案，进行下一轮的爆破准备工作；②已完成爆破工程任务则收工撤离现场返回基地港口。

三、水下爆破的安全规则

炸药是易燃易爆物品，在特定条件下，其性能是稳定的，储存、运输、使用时也是安全的。由于水下爆破工程的特殊性，爆破器材一般集中存放在作业船上指定的安全区域（炸药和起爆器材必须严格分别放置在规定的安全距离之外），不排除意外的爆炸事件也会发生！所以，安全工作特别重要，为确保作业人员和作业船舶的安全，在实施爆破工程过程中，必须严格按照有关的安全规则进行爆破作业。

第一，装载爆破器材的船舶的船头和船尾要按规定悬挂危险品标志，夜间和雾天要有红色安全灯。

第二，遇浓雾、大风、大浪无法作业驶回锚地时，停泊地点距其他船只和岸上建筑物不少于250~500米。

第三，从装药条开始至爆破警报解除的时间内，作业母船要加强瞭望、注意过往船舶的航向，防止无关船只误入危险区。过往船只不得进入爆破危险区域或靠近爆破作业船。

第四，爆破器材必须按照其功能和危险等级分别存放，与爆破器材无关的杂物不得共同存放。在存放炸药的甲板区域，不得有尖锐的突出物。炸药必须码放整齐并用苫布苫盖，严禁任何人员在该区域抽烟和其他的明火作业。

第五，潜水爆破工程作业时，尤其是在海上作业，为确保作业安全，起爆装置必须采用非电起爆系统。起爆系统必须由专业人员制作，必须放置在离炸药安全距离之外的专用舱室内的可锁铁皮柜子内，由爆破技术专业人员保管。

第六，在水下布设炸药作业时、完成后，禁止进行电氧切割、电焊或其他与爆破无关的水下作业。

第七，必须使用锋利的刀具切割导火索、导爆索，严禁使用钝的刀具进行切割作业。

第八，起爆点火作业船上的人员，作业时必须穿好救生衣，禁止无关人员乘坐起爆点火作业船只。

第九，导火索必须使用暗火（如香烟）或专用点火器具进行点火作业。

第十，盲炮应及时处理，遇有难处理而又危及航行船舶安全的盲炮，应延长警戒时间，继续处理直至排除盲炮。

第十一，炸药和起爆器材严禁重摔、拍砸；用于深水区域的爆破器材必须具有足够的抗压性能，或采取有效的抗压措施（起爆器材必须密封防水）；传爆网络的塑料导爆管严禁有打结、压扁、表皮划破、拉抻变细等现象；爆破工程完成后的剩余爆破器材，必须采用适当的方式进行销毁处理，炸药严禁带回作业船舶的基地港口。

第三章 土石方工程施工机械技术

第一节 凿岩钻孔机械

一、凿岩钻孔机械分类

凿岩钻孔机械是以内燃机、压缩空气、液压能、电能作为动力，以能量转换方式，通过凿岩机上的钻具对岩石进行破碎达到造孔目的。一般可分为凿岩机和穿孔机械。凿岩机钻孔直径一般100mm以下，穿孔机械的钻孔直径一般100mm以上。

凿岩钻孔机械常规分类如下：

第一，按凿岩钻孔机械动力驱动方式，可分为风动、液压、电动、内燃。

第二，按凿岩钻孔机械破岩造孔方式，可分为冲击、回转、冲击回转。

第三，按凿岩钻孔机械冲击器的工作位置，可分为顶驱式、潜孔式。

第四，按行走方式，可分为自行式（履带式、轮式）、拖式。

二、常用凿岩钻孔机械

凿岩钻孔机械种类繁多，水利水电工程施工中，土石方开挖、基础处理、锚固、灌浆等都会使用各种类型的钻机。常用的凿岩钻孔机械有手持式凿岩机、岩芯钻机、锚固钻机、管棚钻机、履带凿岩台车、牙轮钻机、潜孔冲击器等。

（一）手持式凿岩机

手持式凿岩机俗称手风钻，用来钻凿小直径炮孔的钻孔机械。主要用于开挖面狭窄、浅层、建基面保护层和解决爆破等作业，配备支腿适用于巷道钻孔作业。手持凿岩机的分类如下：

第一，按凿岩机工作动力分为：内燃凿岩机、风动凿岩机、液压凿岩机、电动凿岩机。

第二，按凿岩机操作方式分为：手持式凿岩机、支腿式凿岩机、导轨式凿岩机。

第三，按凿岩机冲击频率分为：一般频率（每分钟 2 500 次）、高频（每分钟 2 500~5 000 次）。

第四，按凿岩机重量分为：轻型、中型和重型。

（二）岩芯钻机

岩芯钻机种类繁多，具有施工作业面适应性强、移动灵活、钻孔精度高、结构简单、维护便捷等特点，能完成地质勘探、地基处理、灌浆孔、检查孔造孔作业，广泛用于水电工程施工中。

回转式岩芯钻机使用较多的是立轴式、导轨式、自行式。通常由回转装置、动力站（液压、电动驱动装置）、空压机、机架（导轨）、控制装置和钻具等组成。

XY 系列岩芯钻机，是目前施工现场使用较多的一种机型，由柴油岩芯钻机、电动岩芯钻机驱动。主要用于地质勘探、取基础岩芯、灌浆孔、检查孔等造孔作业。

（三）锚固钻机

锚固钻机主要用于水电站、铁路、公路边坡、各类地质灾害防治中滑坡及危岩体锚固工程。同时，适用于城市深基坑支护、抗浮锚杆及基础灌浆加固孔、高压旋喷桩、隧道管棚支护等造孔作业。

锚固钻机主要钻进方法有：潜孔锤常规钻进、跟管钻进、螺旋钻进。在不同的复杂地层，采用不同钻进方法，能获得较好的造孔效果。

（四）管棚钻机

管棚钻机属锚固钻机类，是管棚法施工中的关键设备。管棚超前支护法是近些年发展起来的一种在软弱围岩中进行隧道掘进的新技术，随着管棚施工技术广泛应用，专用管棚钻机应运而生，其作用是沿着隧道断面外轮廓超前钻进并安设管棚。管棚支护具有支护能力强、支护深度大、工序简单、安全性高等特点，被认为是隧道施工中解决挂口、塌方、软弱围岩等最有效的施工方法之一。管棚施工法在城市地下管道、铁路等暗挖工程中也被广泛采用。

（五）履带凿岩台车

履带凿岩台车是土石方爆破工程主要钻孔机械。一般配有大功率、高性能液压凿岩机或风动潜孔冲击器，配备接杆器，能完成孔径70~150mm、深20m钻孔作业，广泛用于露天矿山、采石场开采、水电、交通等工程爆破孔和预裂孔的钻孔作业。

（六）潜孔冲击器

潜孔冲击器主要配备潜孔式钻机。潜孔冲击器以压缩空气为动力，通过冲击活塞不间断地冲击钻头，破碎岩石，压缩空气通过钻头到孔底，排除岩渣形成炮孔。潜孔冲击器具有钻孔导向性能好、钻孔深、效率高、成孔质量好等特点，在水利水电、铁路、地勘、港口等建设工程中广泛使用。

1. 潜孔冲击器分类

按工作压力潜孔冲击器分为低气压、中气压、高气压潜孔冲击器。按配气结构形式潜孔冲击器分为有阀冲击器和无阀冲击器。

2. 潜孔冲击器主要技术性能指标

潜孔冲击器钻孔效率，通常用冲击功、冲击频率、空气耗量等主要技术性能指标来衡量。

第一，冲击功：指冲击活塞冲击钻头的能量。

第二，冲击频率：指冲击活塞在单位时间冲击的次数。

第三，空气耗量：指冲击器单位时间消耗压缩空气量。

3. 潜孔冲击器构造

潜孔冲击器按冲击机构配气方式分为有阀冲击器和无阀冲击器；按压缩空气排渣孔位置分为侧强排和中心强排。

4. 潜孔冲击器与潜孔钻机匹配要求

潜孔钻机为了适应不同种类的岩石和作业需要，一般都有几种潜孔冲击器的配置方案。配置通常考虑岩石特性、作业工况、钻机推压、钻机旋转速度、钻杆直径等因素。

5. 潜孔冲击器钻头配置

根据不同种类岩石和钻孔工艺要求，同种规格潜孔冲击器，可以选择配置不同大小的钻头，以满足不同的钻孔要求。

三、凿岩钻孔机械选用原则

选择凿岩钻孔机械通常考虑的因素有：钻机技术性能参数、爆破设计爆破参数（孔径、孔深、孔排距等）、岩石岩性、钻孔工作量、现场作业条件等。

（一）根据工程量及进度计划要求选配

对于开挖工程量大、工程进度要求高的项目，在满足爆破设计参数的前提下，优先选择大孔径、效率高的顶锤式、潜孔式液压钻车；作业条件允许也可选用牙轮钻机。

（二）根据作业面条件选配

对于陡坡、道路狭窄作业面宜选用机动性好、适应性强的支架式钻机或分体式风动钻机。

（三）根据岩石岩性和地质条件选配

作业面岩性好、强度高，可选用大孔径液压钻车或高风压潜孔钻；岩石条件差、破碎岩体宜选用中、高压风动钻机。

（四）根据造孔特殊要求选配

对于水工建筑物各类保护层的钻爆，选用小口径、短进尺手风钻、气腿钻；对于要求高的预裂孔、锚索孔、灌浆孔和各类检查孔，宜选用回转钻机，以保证钻孔的精度要求。

第二节　挖装机械

一、挖掘机

挖掘机是一种多用途土石方施工机械，主要进行土石方挖掘、装载，还可进行土地平整、修坡、吊装、破碎、拆迁、开沟等作业，用途十分广泛。水电工程土石方开挖常用的是单斗液压挖掘机，可以直接挖掘 VI 级以下的土壤和爆破后的岩石，具有结构简单、机动性强、挖掘力大、作业效率高等特点。通过更换不同的工作装置，还可进行浇筑、起重、安装、打桩、破碎、夯实和拔桩等作业。

（一）挖掘机分类和适用范围

挖掘机的种类繁多，按作业方式分为周期作业式和连续作业式两大类型。周期作业式有单斗挖掘机和挖掘装载机等；连续作业式有多斗挖掘机、多斗挖沟机等。

1. 单斗挖掘机分类

单斗挖掘机的种类很多，通常按下列方式分类：

第一，按铲斗容积可分为：小型（小容量），铲斗容量在 0.25~0.35 立方米，重量不大于 10t；中型（中容量），铲斗容量在 0.35~1.5 立方米，重量大于 20t 不超过 40t；大型（大容量），铲斗容量在 1.5~5 立方米，重量大于 40t 不超过 100t；超大型（超大容量），铲斗容量 5 立方米以上，重量大于 100t。

第二，按动力装置可分为：内燃式、电动式和混合（油、电）式。

第三，按传动形式可分为：机械式、液力机械式（混合式）、全液压式和电传动式。

第四，按行走方式可分为：履带式、轮胎式、步履式。

第五，按工作装置可分为：正铲、反铲、拉铲、抓铲、吊装、打桩、破碎、夯实等。

第六，按用途可分为：通用、矿用、船用及适用于高原地区、寒冷地区、沼泽地区和水陆两用等特种挖掘机。

2. 挖掘机适用范围

挖掘机具有挖掘力大、作业效率高、结构简单、更换工作装置简单、适用范围广等特点。不同工作装置挖掘机作业特点和适用范围，如表 3-1 所示。

表 3-1　不同工作装置挖掘机作业特点和适用范围表

挖掘机形式	作业特点（挖掘轨迹）	适用范围
正铲挖掘机	前进向上，强制挖掘	挖掘停机面以上的物料为宜。挖掘力大、作业率高。能直接挖掘 Ⅰ～Ⅳ级土壤和爆破石方
反铲挖掘机	后退向下，强制挖掘	挖掘停机面以下的物料为宜。挖掘力大、作业率高。能直接挖掘 Ⅰ～Ⅲ级土壤和爆破石方
拉铲挖掘机	后退向下，自重挖掘	挖掘停机面以下的物料，作业半径大。能直接挖掘Ⅱ级土壤和水下挖掘
抓斗挖掘机	直上直下，自重挖掘	挖掘停机面以下的物料。挖掘力小。能直接挖掘 Ⅰ～Ⅱ级土壤，适合作业面狭窄的基坑、桥梁基础、含水砂砾料层等挖掘

（二）挖掘机基本构造

单斗液压挖掘机主要由动力装置、工作装置、传动系统、回转机构、行走机构、操纵机构、液压系统、电气系统及其他辅助装置组成。常用的全回转式液压挖掘机的动力装置、传动系统、回转机构、电气系统、操纵机构、辅助装置和驾驶室等都安装在可回转的上部结构平台上，通常称为上部转台。机架、行走机构（“四轮一带”）为下部结构。

（三）常用挖掘机及其配套工作装置

1. 正铲

正铲挖掘机与反铲挖掘机的区别，主要是铲斗形式和作业轨迹的区别。正铲主要用于挖掘停机面以上的土石方，工作时前进向上，强制切削土壤，适合挖装作业。正铲挖掘力大，可直接挖掘Ⅰ～Ⅳ级土壤和经爆破后的岩石和冻土、松散的砾石等。在挖装比较松散的物料或散状物料时，正铲斗可换装成斗容较大的装载斗，以提高装载效率。

正铲的卸料方式有两种，即前卸式和底开式卸料。底开式卸料可以降低卸料高度，同时，减少物料对运输车辆的冲击。一般斗容在 4 立方米以上的正铲采用底开式卸料。

正铲挖掘时有作业高度要求，一般情况下作业面高度不小于 1.5m，过低一次不易装满铲斗，将降低生产效率。

2. 反铲

反铲装置是中型、小型单斗挖掘机的主要配备形式。作业时主要靠动臂、斗杆、铲斗的自重和各工作液压缸的推压力，铲斗的切削力由上而下，强制切土。适合直接挖掘Ⅰ～Ⅲ级土壤、砂砾石和爆破后的岩石。主要用于停机面以下的工作面和基坑开挖。同时，还适用于边坡的修整和工作面的平整等工作。反铲作业效率高、机动灵活，在水电工程及其他行业得到广泛使用。

3. 长臂反铲

长臂反铲是水电工程常用的挖装机械，主要用于深基坑挖掘、清淤、河道疏浚、修坡、转料等作业。在标准型反铲工作装置基础上改型加装长臂反铲，一般分为加长动臂型和加长斗杆型。加长动臂主要是考虑到短斗杆的作业性能较好，但加长动臂结构更换成本高，多在超长型上采用；加长斗杆型较为简单，是常用的加长方式。标准型反铲改装加长臂会相应影响铲斗挖掘力和斗容，一般厂家会有标准配置。特殊情况下，可定制长臂反铲，以满足作业要求。

4. 拉铲

拉铲是挖掘机铲斗挠性连接最常用的一种形式，常用于停机面以下的工作面挖掘作业。这种系列挖掘机依靠铲斗自重切削土壤、砂砾，作业半径大，适合水下及含水量较大的湿土、淤泥土和砂砾料挖掘、转料作业，但挖掘力小，灵活性较差。

5. 抓斗

抓斗工作时直上直下，依靠自重切削土壤。机械传动式抓斗，特别适合于挖掘深而边坡陡直的基坑和深井，也可以进行水下挖掘作业。抓斗的挖掘能力因受自重限制，只能挖掘一般的土料、砂砾和松散物料。液压传动式抓斗，由于其挖掘深度受动臂和斗杆限制，因此挖掘深度较浅。

6. 挖掘机常配工作装置

挖掘机通过更换工作装置能适应不同的作业要求，如破碎器、夯板、桩机等。配备原则是所选工作装置的连接要满足安装尺寸要求，工作装置功率要和主机匹配。

（四）挖掘机选型原则

挖掘机在使用过程中，受到各种不同的外部因素制约，选择适合的挖掘机一般应遵循以下原则：

第一，施工上适用。施工上适用是符合企业装备结构合理化要求，满足于施工机械的配套需要，最大限度发挥设备效能。通用性较好，常用备品、备件在工程所在地易于获取。

第二，技术上先进。它是以生产上适用为前提，以获得最大经济效益为目的。能满足工程设计的质量要求，操作简单、维修方便、机动性好、运行安全可靠、能耗低、污染小。既不可脱离企业的实际需要而片面追求技术上的先进，也要防止购置技术上已属落后的机型。

第三，经济上合理。在满足上述原则的前提下，还必须考虑购置费用的合理性，降低购置费能减轻机械使用成本。此外，还应考虑油料消耗和施工成本，油料消耗可用机械耗油率来衡量，施工成本可用单位土石方成本进行比较。

（五）挖掘机使用要点

第一，挖掘机是资金投入较大的固定资产，为延长其使用寿命获得更大的经济效益，必须做到定人、定机、定岗位，明确职责。必须调岗时，应该做好交接。

第二，使用前重点检查发动机、工作装置、行走机构、各部安全防护装置、液压传动部件及电气装置等，确认齐全完好后方可启动。

第三，作业前先空载提升、回转铲斗，观察转盘及液压马达有否不正常响声或抖动，制动是否灵敏有效，确认正常后方可作业。

第四，机械运转后，禁止任何人员站在铲斗中或铲臂上，在回转半径范围内不得有行人或障碍物。

第五，作业时，挖掘机应保持水平位置，将行走机构制动住，并将履带或轮胎楔牢；如作业场地地面松软，应垫以道木或垫板；必须待机身停稳后再进行挖掘；在铲斗未全部抬离工作面时，不得做回转、行走等动作。

第六，对于Ⅴ级以上的土壤或冻土应先爆破后再行开挖；如遇较大的坚硬石块或障碍物时，须经清除后方可开挖；不得用铲斗破碎石块、冻土或用单边斗齿硬啃。

第七，挖掘悬崖时要采取防护措施，作业面不得留有伞沿及松动的大块石；如发现有塌方险情，应立即处理或将挖掘机撤离。

第八，用正铲作业时，除松散土外，其作业面应不超过本机性能规定的最大开挖高度和深度。在拉铲或反铲作业时，挖掘机履带到工作面边缘的距离至少保持在1～1.5m之间。

第九，装车时，铲斗要尽量放低，不得在高空向车槽内卸料；在汽车未停稳或铲斗必须越过驾驶室而司机未离开前不得装车。

第十，履带机构不宜长距离行走，转移工地时应用平板挂车运输。特殊情况需要自行转移时，要卸去配重，主动轮应在后面，回转机构应处于制动，铲斗离地面1m以上，低速行走，并要有专人观察四周障碍物和上空电线。每行走500～1000m时应检查和润滑行走机构。

第十一，上下坡不得超过允许的最大爬坡度，下坡时应慢速行驶，禁止中途变速或空挡滑行；转弯时角度不得过大，应分次转弯。

第十二，挖掘机在坡道上行驶时，禁止柴油机熄火，以免行走马达失去补油而造成溜坡等事故。

第十三，作业完毕后，挖掘机应离开作业面，停放在平整坚实的场地上，将机身转正，铲斗落地，所有操纵杆放到空挡位置，制动各部制动器，及时进行清洁工作。

二、推土机

推土机主要用于短距离推运土石方、开挖基坑、平整场地、堆集散料、牵引等作业，是一种结构简单、机动性好、通过性强、生产效率高，既能独立进行多种作业，又能配合其他机械联合施工的主要土石方机械。

（一）推土机分类和适用范围

1. 推土机分类

（1）按行走机构分

可分为履带式和轮胎式。

第一，履带式推土机。其特点是附着性能好，牵引力大，接地比压小（0.04～0.15MPa），爬坡能力强，适用于恶劣工作环境作业。

第二，轮胎式推土机。其特点是行驶速度快、机动性能好，作业循环时间短，运输转移方便，但牵引力小，通过性差。适用于松散物、疏松土壤的推铲作业。

（2）按传动方式分

可分为机械传动式、液力机械传动式、全液压传动式和电气传动式 4 种。

第一，机械传动式。其优点是：制造简单、传动效率高、工作可靠、维修方便。其缺点是：对荷载变化适应性差，操作不便，作业效率低，仅用于小型推土机上。

第二，液力机械传动式。其优点是：采用液力变矩器和动力换挡变速箱传动装置，具有自动适应外部负荷变化的能力，操纵轻便灵活，作业效率高。其缺点是：传动装置结构复杂，维修较困难。适用于推运密实、坚硬的土和爆破石渣。

第三，全液压传动式。其优点是：传动装置结构紧凑、运行平稳、燃油消耗低、作业效率高、操纵轻便灵活、可原地转向、机动性能好、载荷分配合理、动载荷小。其缺点是：制造成本高，耐用度和可靠性较差，维修困难。

第四，电气传动式。其优点是：结构简单，工作可靠，不污染环境，作业效率高。其缺点是：因受电力和电缆限制，使用范围受到很大限制。

（3）按推土机工作装置分

可分为直倾铲式、角铲式、其他形式。

第一，直倾铲式。铲刀与推土机底盘纵向轴线构成直角，铲刀切削角可通过油缸调整。结构简单，坚固性较好，在大型和中型推土机采用较多，适用于推铲作业。

第二，角铲式。铲刀除了能调整切削角度外，还可在水平方向上回转一定的角度（一般为±25°），可实现侧向卸土，扩大了推土机作业范围。适用于半挖半填的坡道作业。

第三，其他形式。半 U 形铲、新型分土铲、煤电专用铲、环卫铲等。

（4）按发动机功率等级分

可分为超轻型、轻型、中型、大型、特大型。

第一，超轻型。发动机功率在40kW以下，适合于极小的场地作业。

第二，轻型。发动机功率在40~100kW之间，适合于零星土方作业。

第三，中型。发动机功率在100~300kW之间，适合于一般土石方工程。

第四，大型。发动机功率在300~600kW之间，适合于坚硬土质或深度冻土大型土石方工程。

第五，特大型。发动机功率在600kW以上，适合于大型以上土石方工程和矿山开采作业。

（5）按用途分

可分为通用型、专用型。

第一，通用型。又称普通型，按标准模块进行生产的机型，它通用性好，广泛用于各类土石方工程施工作业。

第二，专用型。专用型是一种在特定环境下施工作业的推土机。有低比压湿地推土机（比压在0.02~0.04MPa之间）和沼泽地推土机（比压在0.02MPa以下）；有水陆两用推土机、水下推土机、无人驾驶推土机以及高温作业推土机等。

2. 适用范围

推土机适用于Ⅲ~Ⅳ类土壤浅挖短运，开挖深度不大的基坑以及回填、推筑高度不大的路基等。推土机配备松土器，可翻松Ⅲ级、Ⅳ级以上的硬土、软岩或凿裂层岩，以便于其他机械铲运和铲掘作业。履带式推土机最佳运距一般为50m以内；轮胎式推土机的推运距离一般为50~100m，最远可达150m。常见作业方式有直铲作业、侧铲作业、斜铲作业、松土器劈裂等。推土机广泛用于水利水电、交通（公路、铁路、机场、港口）、矿山、能源、农林、国防等工程施工中。

推土机可完成下列作业：

第一，开挖、堆筑，如开挖河床、基槽、堆积堤坝、路基等。

第二，回填、平整，如回填基坑、壕沟，平整场地、道路等。

第三，松土、压实，如疏土、清除石块，压实场地、堤坝等。

第四，其他用途，如拖挂牵引、清除路障、积雪、树根等杂物。

（二）推土机基本构造

履带式推土机以履带式拖拉机配置推土铲刀而成，轮胎式推土机以轮式牵引车配置推土铲而成。推土机还可选装松土器，遇到坚硬土壤、软层岩时，先用松土器松土，然后再进行推铲作业。

1. 履带式推土机基本构造

履带式推土机主要由发动机、底盘、传动系统、液压系统、工作装置、驾驶室和机罩等组成。

（1）发动机

发动机是推土机的动力装置，通常采用涡轮增压柴油发动机。发动机布置在推土机的前部，通过减震装置固定在机架上。

（2）底盘

底盘部分由主离合器（或液力变矩器、联轴器总成）、行星齿轮动力换挡变速器、中央传动、转向离合器和转向制动器、终传动和行走装置及机架等组成。

（3）液力机械传动系统

液力机械传动系统是目前推土机广泛采用的传动系统。液力机械式传动系统采用液力变矩器和行星齿轮动力换挡变速器取代了主离合器和机械式换挡变速器。液力变矩器能够根据推土机负荷变化，自动改变其输出转速和扭矩，从而使推土机在较宽的负荷范围内自动调节行驶速度和牵引力。同时，液力变矩器可消纳传动系统的部分冲击负荷。

（4）全液压传动系统

全液压传动推土机是近年来发展的新机型，也是中小型推土机的发展方向。其传动系统由液压泵、行走液压马达、行星减速器、驱动轮等组成。动力传递方式与液力机械传动相比较，取消液力变矩器、变速器等部件，结构简单、紧凑。

（5）工作装置

推土机工作装置主要是推土铲刀和松土器。推土铲安装在推土机前端，是推土机主要工作装置，有固定式和回转式两种类型。松土器通常配备在大中型履带推土机上，悬挂在推土机的尾部。固定式推土装置由切削刃、推土板、横拉杆、倾斜油缸、顶推梁、斜撑杆等组成。回转式铲刀可在水平面内回转一定的角度（一般为0°~25°）。松土器由齿杆、齿尖液压缸和后支架等组成。

（6）液压系统

推土机液压系统由液压转向系统和工作装置操作系统两大部分组成。小松 D155A 型推土机工作装置液压系统主要由液压泵、系统安全阀、止回阀、推土刀控制阀、松土器控制阀、升降和倾斜油缸、单项补压阀、松土器过载阀等部件组成。

2. 轮胎式推土机基本构造

轮胎式推土机是以轮式底盘为基础加装专用推土板研制而成，具有工况适应性强、机动性好、作业效率高等特点。广泛地用于民用建筑、修建道路、机场、堤坝、矿山开采、港口码头、农田改造及国防工程建设中。

轮胎式推土机主要由发动机、传动系统、制动系统、转向系统、液压系统、电气系统、工作装置、驾驶室等组成。

（三）推土机选型原则

推土机选择要根据推土机推土铲配置特点及作业范围，主要应从以下 4 个方面，按技术性和经济性适合的原则进行选择。

1. 土石方工程量

应根据工程规模大小和推土机功率适用范围来选取。当土石方量大而且集中的大型水利工程，应选用 239kW（320 马力）大型推土机；公路建设、水利工程及基础设施建设等工程，应选用 162kW（220 马力）至 239kW（320 马力）的推土机。土石方量小而且分散的一般性工程施工应选用中型、小型 120kW（160 马力）至 162kW（220 马力）推土机；土壤条件允许，作业面道路条件好，可选用轮胎式推土机。

2. 土壤性质

对推土机功率档次的选择，还要综合考虑工程土质状况。一般推土机适合于Ⅰ级、Ⅱ级土壤直接推铲作业或Ⅲ级、Ⅳ级土壤预松后的推铲作业。土壤比较密实、坚硬，或冬季冻土，应选用重型推土机，一般应选取 169kW（220 马力）以上的推土机，或带松土器推土机；土壤属潮湿软泥，最好选用宽履带湿地推土机。

3. 施工条件

开挖基坑时，如含水量较小，深度在 1～2m、运距较短时，可采用推土机作业。修筑半挖半填的道路，优先选用角铲式推土机；在水下作业，可选用水下推土机。

4. 作业环境

根据推土机作业对象（土石方或其他）、工作环境（温度、海拔、沙尘和沼泽等）、工程要求等进行选择高原型、沙漠型、湿地型推土机。亦可根据施工作业的多种要求，为减少投入机械台数和提高机械作业范围，选用多功能推土机。

（四）推土机作业使用要点

1. 作业要点

（1）推土路线

正确选定推土机作业路线，对提高推土机作业工效十分重要。一般遵循推土机铲土、运土、卸土、倒退返程主要工序行程最短原则。铲土和运土路线应尽量直线推运，以缩短路程减少土方失散。返程路线，要从空返时间最短考虑。铲土时应根据土质情况，尽量采用最大切土深度在 10m 距离内完成，以缩短低速推铲运行时间，然后直接推运到卸土地点。推土时上下坡度不得超过 35°，横坡不得超过 10°。多台推土机同时作业，前后距离应大于 10m。

（2）作业方法

推土机作业方法有多种，合理选择作业方法，亦可提高推土机的作业功效。常用的有以下 4 种：

第一，沟槽推土法。推土机重复多次在一条沟槽作业线上切土和推土，使地面逐渐形成一条浅槽，再反复在沟槽中进行推土，以减少土从铲刀两侧漏散，可增加 10%～30%的推土量，槽的深度以 1m 左右为宜，槽与槽之间的土坑宽约 50m。

第二，下坡推土法。在斜坡上，推土机顺下坡方向切土与堆运，借用推土机向下的重力作用推铲土，增大切土深度和运土量，可提高生产率 30%～40%，但坡度不宜超过 15°，以免后退时爬坡困难。

第三，角铲推土法。将铲刀与前进方向调成一倾斜角度（一般松土为 60°，坚实土为 45°）进行推土。本法需较大功率的推土机，可减少机械来回行驶，提高效率，适于沟槽推土回填和向坡下推土。

第四，平行并列推土法。使用多台推土机并列作业，以减少土体漏失量，一般两铲刀相距 15～30cm，可增大推土量 15%～30%，平行并列推土法适于大面积场地平整和运土。

2. 使用要点

第一，推土机在Ⅲ～Ⅳ级土壤或多石土壤作业时，应先进行爆破或用松土机疏松。

第二，2 台以上推土机在同一地区作业时，前后距离应大于 8m，左右相距应大于 1.5m。

第三，发动机启动预热后，待柴油机水温达 55℃以上，润滑油温 45℃以上方可操作操纵杆，推土机起步前注意观察周围环境及人员，确认安全后方能起步工作。

第四，推土机行驶和作业中，应避免不恰当的调整和急转弯。应经常注意仪表指示是否正常，各处有无泄漏现象，有无不正常的声响或敲击。

第五，在推铲或松土作业中，如遇到较大阻力不能前进时，应立即停止推铲或松土作业，切不可强制作业，应采取调整工作装置切入量或推土机后退等措施。作业过程中，应尽量避免急拉转向与制动操纵杆，须调整推土机前进方向时，应使推土机负荷减少到一定程度后，再拉动转向与制动操纵杆。

第六，在陡坡上行驶时，推土机坡行角度纵向不能大于30°，横向不能大于25°。一般情况下，应避免大角度坡行，尤其避免横向大角度坡行。推土机在陡坡上前进下坡时，应选择低速挡，柴油机油门操纵杆应放在小开度位置上，并应注意控制总制动踏板，以防溜车。如须在陡坡上推土时，应先进行挖填，使机身保持平衡，方可作业。

第七，在深沟、基坑或陡坡地区作业时，必须有专人指挥，其垂直边坡深度一般不超过2m，否则应放出安全边坡。在石子和黏土路面高速行驶或上下坡时，不得急转弯。要原地旋转或急转弯时，必须用低速行驶。填沟作业驶近边坡时，铲刀不能超出边缘，后退时应先换挡后再提升铲刀进行倒车。

第八，牵引其他机械设备时，钢丝绳连接必须牢固可靠，必须有专人负责指挥。在坡道及长距离牵引时，应使用牵引杆连接。

三、装载机

装载机是一种作业效率高，用途十分广泛的铲土运输机械。它主要是对松散堆积物进行装、运、卸作业，还可以对硬土、松散岩石进行轻度铲掘作业。同时，还能用于清理、刮平场地、短距离装运物料及牵引等作业。装载机具有作业速度快、效率高、机动性好、操作轻便等优点，在各类工程中得到了广泛使用。

（一）装载机分类和适用范围

1. 装载机分类

装载机一般按发动机功率、行走方式、传动形式、车架结构、装卸方式等不同进行分类。

（1）按发动机功率大小分

可分为小型、中型、大型、特大型。

第一，小型装载机。发动机功率小于74kW。

第二，中型装载机。发动机功率为74~147kW。

第三，大型装载机。发动机功率为147~515kW。

第四，特大型装载机。发动机功率大于515kW。

（2）按行走方式不同分

可分为履带式装载机和轮胎式装载机。

第一，履带式装载机。以履带专用底盘或工业拖拉机作为行走机构，并配工作装置及其操作系统而构成的装载机。该机的重心低，稳定性好；接地比压低、附着力强、牵引力大、通过性能好。但行驶速度慢，移动不灵活，适合在潮湿、松软的地面工作。装卸运输距离超过30m，作业成本会明显增加。

第二，轮胎式装载机。以轮胎专用底盘作为行走机构，并配工作装置及其操作系统而构成的装载机。具有自重轻、行走速度快、机动性能好、作业循环时间短、工作效率高等特点，广泛用于各类土石方工程。

（3）按传动方式不同分

可分为机械式传动装载机、液力-机械式传动装载机、液压传动式装载机、电传动式装载机。

第一，机械式传动装载机。其行走速度和牵引力不能随载荷变化而自动调节，只能通过改变发动机转速或变速挡位在一定范围内变化，使用不方便，目前已基本淘汰。

第二，液力-机械式传动装载机。其牵引力和车速变化范围大，可随负荷的变化，自动调节，具有传动效率高、冲击振动小、传动件寿命长、操作方便等特点，是装载机常用的传动方式。

第三，液压传动式装载机。可无级调速、操纵简便，一般仅在小型装载机上采用。

第四，电传动式装载机。可实现无级调速、工作可靠、维修简单；设备重量大，运行费用较高，一般在大型装载机上采用。

（4）按车架结构形式分

可分为铰接式和整体式。

第一，铰接式转向装载机。铰接式装载机转弯半径小，机动灵活，可以在狭小的场地作业，作业循环时间短，生产效率高。其轴距一般较长，纵向稳定性好，行走时纵向颠簸小，但铰接式装载机在转向和高速行驶时稳定性差。

第二，整体车架式装载机。其转向方式有前轮转向、后轮转向、全轮转向和差速转向，前3种属于偏转车轮转向。

（5）按卸料方式不同分

可分为前卸式、侧卸式、回转式、后卸式等装载机。

第一，前卸式装载机。前端铲装和卸载，是目前国内外生产轮式装载机采用最多的一种形式。它具有结构简单、工作可靠、视野好、适应性强、用途广等特点。

第二，侧卸式装载机。铲斗侧卸液压缸安装在铲斗后背，后支点与托架连接，前支点则与铲斗连接。前后支点在铲斗和托架上备有左右对称的安装位置，在使用中可根据作业要求，调整卸料方向。多用于隧洞和狭窄场合作业。

第三，回转式装载机。工作装置安装在可回转360°的转台上，工作时装载机与运输车辆可成任意角度，装载机可以原地不动而靠回转卸料，作业效率高，可在狭窄的场地工作。但结构复杂、重量大、维修费用高、侧向稳性较差。

第四，后卸式装载机。前端装料、工作装置及动臂回转180°后端卸料。原地作业就可直接向停在后面的运输车卸载，作业效率高，作业的安全性差，应用较少。

(6) 按转向方式不同分

可分为铰接转向式、滑移转向式、偏转车轮转向式。

第一，铰接转向式。依靠轮式底盘前轮、前车架及工作装置，围绕与前后车架的铰接销做水平摆动进行转向。具有转弯半径小、机动灵活的特点，是目前最常用的。

第二，滑移转向式。依靠轮式底盘两侧的行走轮或履带式底盘两侧的驱动轮速度差实现转向。具有整机体积小、机动灵活的特点，可以实现原地转向，在更为狭窄的场地作业，是近年来小型装载机常用的转向方式。

第三，偏转车轮转向式。以轮式底盘的车轮作为转向的装载机。分为偏转前轮、偏转后轮和全轮转向3种，一般用于整体式车架装载机，由于机动性差，现一般不太采用。

(7) 按驱动方式不同分

可分为前轮驱动式、后轮驱动式、全轮驱动式。

第一，前轮驱动式。以行走结构的前轮作为驱动轮的装载机。

第二，后轮驱动式。以行走结构的后轮作为驱动轮的装载机。

第三，全轮驱动式。以行走结构的前、后轮都作为驱动轮的装载机，是目前装载机常用驱动方式。

2. 装载机适用范围

装载机适用范围广泛，可用于公路、铁路、建筑、水电、港口、矿山等建设工程的土石方工程。它主要用于铲装土壤、砂石、矿石等散状物料，也可为砂砾石、硬土等做轻度挖铲作业；换装不同的辅助工作装置还可进行推土、平整、牵引、起重和其他物料如木材的装卸等作业。

（二）装载机基本构造

轮式装载机主要由工作装置、行走机构、发动机、传动系统、转向系统、制动系统、液压系统、操纵系统和辅助系统等组成。

大多数轮式装载机采用液力变矩器、动力换挡液力机械传动形式，结构紧凑、变矩器高效区宽、牵引力大、行驶速度快；采用液压操纵、铰接式车架转向；全桥驱动、宽基低压轮胎行驶；工作装置多采用反转连杆结构。

1. 工作装置

工作装置由动臂、动臂油缸、转斗油缸、摇臂、连杆、铲斗组成。

动臂和动臂油缸铰接在前车架上，动臂油缸的伸或缩使工作装置举升或下降，使铲斗举起或放下。转斗油缸的伸或缩使摇臂前或后摆动，通过连杆控制铲斗上翻收斗或下翻卸料。

2. 行走机构

行走机构由铰接式车架、变速器、前驱动桥、后驱动桥和前后车轮等组成。

3. 传动系统

传动系统由液力变矩器、行星换挡变速器、传动轴、前驱动桥、后驱动桥、轮边减速器和前后车轮等组成。

液力机械传动在装载机上得到了广泛应用。液力机械传动变速器由液力变矩器和行星动力换挡变速箱组成，也称变矩器动力变速箱总成。装置显著特点是适应装载机高速小扭矩行驶、低速大扭矩作业工况。

4. 转向系统

转向系统由方向盘、转向阀、铰接式车架、转向油缸、前后车轮等组成。目前，较为先进的装载机转向系统是两级转向系统，传统的方向盘及换挡操纵式加 STIC（转向变速集成系统控制），行驶时采用方向盘控制，铲装作业时，采用转向变速集成系统控制，操作省力，换挡平稳，操作手劳动强度低，作业效率高。

5. 制动系统

制动系统由气推液四轮盘式行车制动、紧急和停车制动 2 套独立制动系统组成。前者用于经常性的一般行驶中速度控制、停车。后者用于装载机工作中出现紧急情况时制动以及停车后的制动。

6. 液压系统

液压系统油路主要分为 2 部分：先导控制油路和主工作油路。主工作油路动作是由先导控制油路进行控制，以实现较小流量、低压力控制大流量、高压力。

（三）LNG 装载机

LNG 装载机是用液化天然气作为燃料的装载机。其优点：①绿色环保，LNG 是一种洁净环保的优质能源，几乎不含硫、粉尘和其他有害物质，燃烧时产生二氧化碳少于其他化石燃料，温室效应较低，因而能改善环境质量。②经济性好，LNG 价格比汽油和柴油低，燃烧效率高，节能 30%。又由于 LNG 燃烧完全，不产生积碳，不稀释润滑油，能有效减轻发动机零件磨损，延长发动机的寿命，经济效益显著。③安全性好，LNG 燃点高（650℃），汽化后相对密度低（0.47～0.55kg/m^3），只有空气的一半左右，即使泄漏也会立即挥发扩散；LNG 爆炸极限 4.7%～15%（汽油为 1%～5%，柴油为 0.5%～4.1%），LNG 在一般情况下不存在爆炸的可能。

LNG 装载机与常规装载机在结构上相比，主要是发动机、变矩器的区别。LNG 装载机采用专用发动机和专用变矩器。LNG 发动机国内上海柴油机厂、潍坊柴油机厂等厂家均有系列产品。

近年来，国内加大了 LNG 装载机研发和推广运用，国内生产 LNG 装载机有 4t、6t、8t。由于受观念和加气站建设等因素的制约，LNG 装载机使用不是很广泛。目前，使用较多的行业有港口、货场转运、煤场、矿山等相对装载地点固定和容易建 LNG 加气站的地方。另外，在技术上针对 LNG 发动机动力“偏柔”和变矩器低速性能等问题还在持续改进中，有理由相信，在不久的将来 LNG 装载机使用将更为广泛。

（四）装载机选型原则

1. 机型选择

装载机主要依据作业场合和用途进行选择和确定。一般在采石场、软基、泥泞或道路崎岖不平的场合作业时，应优先选用履带式装载机。当作业场地狭窄时，可选用回转式装载机。如果作业场地条件较好，零星物料的搬运、装卸以及其他分散作业时，应选用轮胎式装载机。当与运输车辆配合装料时，应选用操作灵活、装车效率高的前卸轮胎式装载机；隧洞和地下工程施工多选用侧卸轮式装载机。

2. 动力选择

一般选用工程机械专用柴油发动机。在特殊地域作业，如海拔高于 3 000m 的地方，应采用特殊的高原型柴油发动机。

3. 传动形式选择

一般选用液力-机械传动。变矩器形式的选择，较多选用双涡轮、单级两相液力变矩器。

4. 铲斗容量选择

应根据装卸物料数量和要求完成时间来选用。物料装运量大时应选择大容量装载机，装载机与运输车辆配合装料时，应考虑装载机的卸载高度，运输车辆车厢容量应为装载机斗容量的整倍数，以保证装运效能经济、合理。自装自运时，选择铲斗容量大的效果更好。

5. 按运距及作业条件选择

在运距不大和道路坡度经常变化的情况下，若采用装载机与自卸汽车配合装运作业，会使工效下降，费用增高。在这种情况下，可单独采用轮胎式装载机作为自铲自运使用。一般情况下，如果装载机在整个装运作业循环时间少于3分钟时，在经济上是可行的。当然，还要对以上2种装运方式通过经济分析，来选择装载机自铲自运时合理运距。

6. 制动性能的选择

在选用装载机时，还要充分考虑装载机的制动性能，制动器有蹄式、钳盘式和湿式多片式3种，其动力源有压缩空气、气顶油和液压式3种。目前，常用的是气顶油制动系统，采用双回路制动系统，以提高行驶安全性。

7. 在隧道作业的装载机

发动机应选择低污染加排气净化器的柴油发动机，以减少洞内污染。

（五）装载机使用要点

第一，作业前检查各部管路密封是否完好，制动器是否可靠，检视各仪表指示是否正常，轮胎气压是否符合规定。发动机启动后应怠速空运转，待水温达到55℃，气压达到0.45MPa后再起步行驶。作业时，发动机水温不得超过90℃。

第二，变速器、变矩器使用液力传动油和液压系统使用的液压油必须符合要求，并保持清洁。作业时，变矩器油温不得超过110℃，油温超过允许值时，应停车冷却。

第三，山区或坡道上行驶时，可接通拖启动操纵杆，以防发动机突然熄火，也能保证转向系统正常使用。

第四，高速行驶宜采用前轮驱动，铲装作业时应采用四轮驱动。

第五，开挖停机面以上土方，轮胎式只能铲装松散土方，履带式可铲装坚实土方；装料时，铲斗应从正面铲料，严禁单边受力；卸料时，铲斗翻转举臂应缓慢动作。

第六，不得将铲斗提升到最高位置运输物料。运载物料时，应保持动臂下绞点离地

400mm，以保证稳定行驶。

第七，无论铲运或挖掘，都要避免铲斗偏载。不得在收斗或半收斗而未举臂时就前进。铲斗装满后应举臂到距地面约 500mm 时再后退、转向、卸料。

第八，当铲装阻力较大、出现轮胎打滑时，应立即停止铲装。若阻力过大已造成发动机熄火时，重新启动后应做铲装作业相反的作业，以排除过载。

第九，侧斜装载机在隧洞施工中，要有安全防护措施，最好选择有防护装置隧道作业机型。对没有防护装置要进行改装，以确保操作手的安全。

第十，作业后应将铲斗平放在地面上，各操纵杆必须放在空挡位置。

第三节　运输机械

一、自卸汽车

自卸汽车是公路自卸汽车和矿用（非公路）自卸汽车的总称。自卸汽车又称翻斗车，可依靠自身动力驱动液压举升机构，使货箱自动倾卸货物。具有较高的机动性、越野性和爬坡能力，与其他装卸机械联合作业，极大地提高了运输效率。

公路自卸汽车（20t 以下）具有运载能力强、机动灵活、爬坡性能好、转弯半径小、生产效率高等特点。适用于砂石料、松散物料运输。

矿用自卸车属于重型运输机械，重载时不允许在标准公路上行驶。具有机动性强、转弯半径小、载重量大、功耗低等特点。广泛用于公路、铁路、机场、水利、矿山、港口工程等土石方施工中。

随着施工机械化程度提高和大型挖掘设备投入使用，自卸汽车逐渐向系列化、大吨位方向发展。目前，我国已能批量生产 10～25t 级公路自卸车，25～100t 级矿用自卸汽车和 120～400t 级电传动自卸汽车，并在各类工程施工中广泛使用。

（一）自卸汽车分类

自卸车种类较多，土石方工程常用的自卸车分类如下。

1. 按用途分

可分为公路型自卸汽车、矿用型（非公路）自卸汽车。

2. 按载重量分

公路型自卸汽车可分为：轻型（10t 以下）、中型（10~30t）、重型（30~60t）；矿用型（非公路）自卸汽车可分为：小型（载重量在 40t 以下）、中型（40~120t）、大型车（120~300t）、超大型（300t 以上）。

3. 按传动方式分

可分为机械传动、液力传动和电传动。

4. 按车架的结构分

可分为整体（刚性）自卸汽车、铰接式自卸汽车。

5. 按卸货方式分

可分为后卸式、侧卸式、三面倾卸式、底卸式等多种形式，其中以后卸式、侧卸式应用最广。

（二）自卸汽车基本构造

1. 公路型自卸汽车基本构造

公路型自卸汽车承运载荷比较均匀，一般是在载重汽车两类底盘（载重汽车拆除货厢后称为两类底盘）的基础上，经改装设计而成。基本构造由发动机、变速装置、液压举升装置、车架总成以及专用货厢、底盘等主要部件组成。

（1）发动机

发动机多为水冷增压柴油发动机，高寒地区多为风冷增压柴油发动机。

（2）变速装置

干式单片（双片）摩擦离合器，机械换挡变速箱。

（3）液压举升装置

由取力器、液压泵、管路系统、举升油缸等组成。

（4）制动系统

有蹄式和盘式气压制动器，配以发动机排气制动。

（5）车架总成

由货厢、副车架、铰链轴以及倾卸杠杆机构等组成。

（6）底盘

总载重量小于 20t 公路自卸车，一般采用 4×2 驱动形式，即发动机前置，后轴驱动。载重量超过 20t 自卸车多采用 6×4 驱动形式。

2. 矿用型自卸车基本构造

矿用型自卸汽车承载荷载大，道路条件差，运输工况恶劣，要求具有较好的动力性，以及在恶劣道路条件下有良好的通过性与机动性等。基本构造主要由发动机、变速箱、传动装置、转向机构、制动系统、悬挂装置、举升系统、车架、车厢、电气系统、驾驶室、车轮等组成。

（1）发动机

多为增压柴油发动机，功率视载重量而确定。

（2）变速装置

一般情况下载重量 30t 以下，采用离合器加机械式变速箱；载重量 30t 以上，采用液力变矩器加动力换挡变速箱。

（3）传动装置

矿用自卸车基本采用 4×2 结构形式。载重量 100t 以下的车型，一般采用液力机械变速器和传统式后桥；载重量 100t 以上车型，一般都采用电传动，即柴油发动机—发电机—直流电动机—驱动轮传动形式。

（4）转向机构

采用液压动力转向。

（5）制动

均为动力盘式制动。中吨位、小吨位车多采用气压制动，大吨位车则多采用油气制动（气推油）。不同类型矿用自卸车除了主制动器功能以外，还装备了辅助发动机排气制动、液力缓速器或电缓速器功能制动。

（6）悬挂装置

矿用自卸车大多采用油气悬挂架，道路适应性强，有较好的减震和缓冲作用。

（7）举升装置

发动机通过液压泵提供动力，液压操作车厢举升油缸卸料。结构上有单液压举升缸和双液压举升缸。

（8）车架、车厢

车架：一般为专用车架，采用低合金、高强度钢板全焊接结构。纵梁采用封闭式箱形截面，以保证具有高的抗扭强度。车厢为全焊接结构，铲斗型底板后部翘起，角度为 12°，无后挡板。底板由高强度、抗冲击优质钢板焊接而成。货厢举升机构普遍采用前端直推后卸形式。

(9) 电气系统

一般为车辆通用直流 24V，为车辆启动、照明、监控装置等提供电源。

(10) 驾驶室

一般为平头偏置式。密封良好的单座驾驶室平行布置在发动机的一侧，具有视野宽阔、通风良好、便于发动机维修等优点。

(11) 轮胎

采用工程车轮胎，这类车轮胎的胎面花纹和结构都与公路用车不同，有很好的适应复杂路面的使用要求。

(三) 自卸汽车选型原则

土石方工程施工对车辆的选型，主要依据是土石方的特性（形状、重量、脆度、湿度、黏度等）、运输工程量、现场道路条件、装卸载方式等。同时，也要将车辆性能、综合运营成本和备件供应及售后服务等来综合考虑，一般遵循以下原则：

1. 自卸汽车吨位选择

自卸汽车吨位选择与运量、运距、坡度、运载物性质、装载设备种类等因素有关。同时，兼顾考虑道路情况、装卸场地等因素。通常情况下，年运输量在 50 万吨以内，可选用 10~15 吨级的自卸汽车为宜；年运输量在 50 万~100 万吨时，选用 20 吨级的自卸汽车为宜；年运输量在 100 万~200 万吨时，选用 20~30 吨级的自卸汽车为宜。

2. 自卸汽车与装载设备匹配

选择自卸车载重吨位时，要考虑自卸车斗容与装载设备斗容相匹配。通常装载 3~5 斗，装满一车，是较为合理的斗容容量匹配。装载斗数过多，即“大车小铲”，会造成装载时间过长，导致运输效率降低；每车装载斗数过少，即“小车大铲”，则装载就位等辅助时间相对增加，卸载时对车辆的冲击力大，损害大，运输效率降低。

3. 自卸车技术性能选择

自卸车整机技术性能是保证正常运行的关键，包含动力性、可靠性、适应性、安全性、经济性等。

(1) 动力性

要求自卸汽车重载爬坡能力大、加速快。发动机扭矩储备系数大，传动系统适应能力强。同时，要求有较好的低温启动性能，以适应寒冷气候作业。动力性指标用发动机比功率表示，矿用自卸汽车一般为 4~6kW/t。

（2）可靠性

要求自卸汽车主要总成件经久耐用、故障率低。主要总成件包括：发动机、传动系统、制动系统、大梁等。

（3）适应性

主要考虑自卸车道路适应性和通过性。要求自卸车要有坚固的底盘，较好地适应各种道路。同时，转弯半径、最小离地间隙能满足各种复杂路面情况下的安全行驶。

（4）安全性

要求自卸汽车在重载情况下，有良好的操作性。操作简便、转向灵活轻便、制动安全可靠等。

（5）经济性

主要考虑油耗和轮胎消耗。特别是轮胎，一般情况轮胎消耗占整个使用费用20%～30%。因此，要求轮胎有较高的耐磨和耐割性能，通常选用深花纹的岩石型轮胎。

二、带式输送机

带式输送机是由橡胶输送带、钢支架、辊筒、驱动装置和张紧装置等组成的一种构造简单，并以连续方式运输物料的机械。主要用于输送各种块状、粒状等散状物料。带式输送机具有生产均匀、输送效率高、使用成本低等特点。同时，还具有运距长、对线路适应性强、运行安全可靠等优点。广泛于矿山、冶金、水电、火电、煤炭、化工、建筑、港口等工程。

水电工程是使用带式输送机较多的行业之一。主要用于渣料、成品料、半成品砂石料等物料的运输。近些年来，随着龙滩、向家坝、锦屏、金沙江龙开口等一批大型水电站工程兴建，长距离带式输送机技术得到了广泛的运用。从龙滩水电站单条4km到向家坝水电站5条近30km，以及锦屏二级水电站引进国外技术建成的5.9km空间曲线返程带料胶带机投入使用，使水电工程长距离带式输送技术进入了快速发展阶段。

（一）带式输送机分类和特点

1. 带式输送机分类

第一，按结构形式可分为固定式、移动式和节段式。

第二，按承载断面可分为平形、槽形、双槽形（压带式）、波纹挡边斗式、波纹挡边袋式、吊挂式圆管形。

第三，按输送带类型可分为橡胶带、塑料带、钢绳心胶带。

第四，按托架形式可分为托辊传动（托辊可水平布置，也可槽形布置）、钢索传动和气垫传动。

第五，按张紧装置可分为螺杆式、小车重锤式、垂直重锤式。

第六，按用途可分为普通型、铸造用、可逆式和可伸缩式带式输送机。

2. 带式输送机特点

第一，运距长。从目前使用经验来看 30km 以内都能适用。

第二，运量大、产量均衡。带宽 1 000～1 200mm，带速 4m/s，运输能力 2 500～3 000t/h。向家坝和锦屏二级水电站工程运输能力分别达到 2 500t/h、3 000t/h。

第三，环境适应性强。带式输送机安装不受地形、地貌的影响，可翻山、越岭、上坡、下坡、转弯等，运行时不受天气影响。

第四，经济效益好。与汽车运输相比，节省了道路修建、维护，避免了行车安全等问题，从运行统计情况来看，吨公里费用 0.5 元以下。

第五，结构简单、维护方便。

（二）带式输送机基本构造

1. 固定式胶带输送机

固定式胶带输送机均由机架（包括头架、中间架、尾架等）、胶带、传动滚筒、改向滚筒、托辊、张紧装置、制动和逆止装置、驱动装置及导料槽、头罩、漏斗等组成。

（1）输送带

输送带是曳引和承载物料的主要部件。输送带的品种有普通橡胶带和棉帆布带、聚酯帆布带、尼龙帆布带和钢丝芯输送带。

第一，输送带的强度：棉帆布带为 56N/（cm·层），聚酯、尼龙帆布带为 100～300N/（cm·层）。

第二，输送带的连接方法有：机械连接法（夹条式带扣、夹板式带扣）、硫化连接法和冷黏结法。一般常采用后两者。

（2）驱动装置

带式输送机驱动装置一般分为外驱动和内驱动 2 种形式。外驱动是把电机放在驱动滚筒外面（通常悬挂在驱动滚筒一侧），减速机直接同驱动滚筒输入轴相连；内驱动是电机和减速装置放在驱动滚筒内，也称为电动滚筒。如果仅将减速器装入筒内，称为齿轮滚筒，或称为外装式减速滚筒，适用于大功率带式输送机。

（3）传动滚筒

传动滚筒依靠滚筒与胶带之间的摩擦力传递给胶带。

（4）改向滚筒

改向滚筒装在机尾或胶带改向处，起到改变输送带运行方向或压紧输送带、增大传动滚筒包角的作用。

（5）托辊

托辊主要起到支撑作用。托辊可分为平行托辊（用于输送成件物品）、槽形承载托辊（常用有35°和45°槽角）、自动调心托辊、缓冲托辊。此外，还有V形、悬挂、翻带和挡边托辊。

（6）张紧装置

张紧装置用来调整胶带的松紧程度，保证输送带有足够的张力进行传动。张紧装置可分为固定式和自动式张紧装置。

第一，固定式张紧装置，可分为重力张紧装置和刚性张紧装置。重锤式、水箱式属于重力张紧装置。螺旋拉紧、手动或电动张紧属于刚性张紧装置。

第二，自动式张紧装置。自动式张紧装置有电动式和液压式2种形式。

（7）卸料装置

卸料装置是用来实现输送机多点卸料。主要有犁式卸料器、移动式电动卸料器、可逆配仓带式输送机等形式。

第一，犁式卸料器。用于输送机水平段任意点卸料。

第二，移动式电动卸料器。卸料车可在输送机水平段任意点卸料。

第三，可逆配仓带式输送机。可逆配仓带式输送机一般用于仓顶配料，其作用与电动卸料车类似。

（8）清扫装置

主要用来清扫黏在胶带上的物料，有头部清扫器和空段清扫器两种。

（9）机架

机架是带式输送机的主体结构，它可分为用于传动滚筒放在头部的头部滚筒机架、尾部改向滚筒机架、头部探头机架和传动滚筒设在下分支的传动滚筒机架。

（10）中间架

可分为标准型和凹凸弧段几种。标准型中间架一般长为6m；凸弧段中间架的曲率半径依据带宽的不同，分别为：12m、16m、20m、24m、28m、34m等多种尺寸；凹弧段中间架的曲率半径一般为80~120m。

（11）带式输送机布置形式

带式输送机有多种布置形式，可以根据实际情况和地形、地貌进行选择。

2. 移动式胶带输送机

（1）普通移动胶带输送机

移动式胶带输送机具有结构简单、工效高、使用方便、机动性好等特点，主要用于装卸地点经常变更的场所。

（2）履带式移动胶带输送机

履带式移动胶带输送机具有输送产量高、输料距离长、布料半径大、机动性强、稳定性好等优点，广泛用于水电站混凝土浇筑施工。

（三）带式输送机选择原则

带式输送机选择方法：根据运输物料的性质和输送量、输送距离、高度、输送要求和施工条件等，参照现有机械产品，然后确定规格型号。

1. 胶带输送机机型选择

胶带输送机机型的选择，主要是结构形式选择。需要经常移动的临时装卸散装物料、建筑施工物料输送等，选择移动式或节段式输送机。当运距很短（20m）时，可选用移动式胶带输送机。如果运距较长，可选用多台移动式输送机进行接力运输，也可选用节段式输送机。相对长期固定运输，如人工破碎砂石系统、天然河砂筛分系统、火电厂、水泥厂、仓库、码头等场合的输送或装卸作业，可根据作业要求和场地条件采用固定式或节段式输送机。

2. 胶带输送机型号选择

胶带输送机型号选择应综合考虑运输能力、运输长度、运送高度、运输带种类、输送带速、托辊形式和张紧装置等。

（1）胶带输送机动力确定

胶带输送机的运输能力应稍大于生产要求的运输量，如一条输送机的运送量不能满足要求，可采用多台并列运输，或选择功能大的胶带输送机。

（2）输送带的选择

输送带是曳引和承载物料的最主要部件和易损件，其价格一般占整机价格的30%~40%。所选输送带必须适应运输物料及工作环境，以期获得最好的工作效果和使用寿命。

普通型输送带抗拉体（芯层）有棉帆布、尼龙帆布、聚酯帆布、织物整体带芯和钢绳芯等品种。

（3）胶带速度的选定

胶带输送机带速是影响生产率主要因素，水电站使用的带速一般在 2～4m/s。

（4）驱动装置的选择

驱动装置是胶带输送机的原动力部分，一般由电动机、减速器、传动滚筒、逆止器、制动器等组成。有分离式驱动装置、电动滚筒-组合式驱动装置和减速滚筒-半组合式驱动装置供选择；功率不大、工作环境湿度较小的可选用光面传动滚筒，其造价低廉，使用寿命长；功率较大，环境潮湿容易打滑的，应采用胶面滚筒。

（5）张紧装置的选择

张紧装置主要有螺杆式、车式和垂直式。车式装置结构简单、工作可靠、张紧力大，应优先选用；垂直式张紧装置便于布置；螺杆式张紧装置适用于长度较短、功率较小的输送机。

（6）托辊形式的选择

当运送散装物料如碎石、砂、土等时，应选用槽形托辊，以避免物料漏损；当运送成件物品或袋装物料时，应采用平行托辊；调心托辊用于调整输送带运行不致跑偏；缓冲托辊用来缓冲受料处胶带的冲击，以延长输送带使用寿命。

第四章 水利水电工程施工安全生产技术

第一节 防火防爆安全技术

一、防火防爆基本知识

（一）燃点、自燃点和闪点

火灾和爆炸的形成，与可燃物的燃点、自燃点和闪点密切相关。

1. 燃点

燃点是可燃物质受热发生自燃的最低温度。达到这一温度，可燃物质与空气接触，不需要明火的作用，就能自行燃烧。

2. 自燃点

物质的自燃点越低，发生起火的危险性越大。但是，物质的自燃点不是固定的，而是随着压力、温度和散热等条件的不同有相应的改变。一般压力越高，自燃点越低。可燃气体在压缩机中之所以较容易爆炸，原因之一就是因压力升高后自燃点降低了。

3. 闪点

闪点是易燃与可燃液体挥发出的蒸气与空气形成混合物后，遇火源发生内燃的最低温度。

闪燃通常发生蓝色的火花，而且一闪即灭。这是因为，易燃和可燃液体在闪点时蒸发速度缓慢，蒸发出来的蒸气仅能维持一刹那的燃烧，来不及补充新的蒸气，不能继续燃烧。从消防观点来说，闪燃就是火灾的先兆，在防火规范中有关物质的危险等级划分，就是以闪点为准的。

（二）燃烧和爆炸

正确掌握防火防爆技术，了解形成燃烧和爆炸的基本原理，能有效防止火灾和爆炸的发生。

1. 燃烧

燃烧是可燃物质与空气或氧化剂发生化学反应而产生放热、发光的现象。在生产生活中，凡是产生超出有效范围的违背人们意志的燃烧，即为火灾。燃烧必须同时具备以下 3 个基本条件：①凡是与空气中氧或其他氧化剂发生剧烈反应的物质，都称为可燃物。如木材、纸张、金属镁、金属钠、汽油、酒精、氢气、乙炔和液化石油等。②助燃物。凡是能帮助和支持燃烧的物质，都称为助燃物。如氧化氯酸钾、高锰酸钾、过氧化钠等氧化剂。由于空气中含有 21%左右的氧，所以可燃物质燃烧能够在空气中持续进行。③火源。凡能引起可燃物质燃烧的热能源，都称为火源。如明火、电火花、聚焦的日光、高温灼热体，以及化学能和机械冲击能等。

防止以上 3 个条件同时存在，避免其相互作用，是防火技术的基本要求。

2. 爆炸

物质由一种状态迅速转变成为另一种状态，并在极短的时间内以机械功的形式放出巨大的能量，或者是气体在极短的时间内发生剧烈膨胀，压力迅速下降到常温的现象，都称为爆炸。爆炸可分为化学性爆炸和物理性爆炸两种。

（1）化学性爆炸

化学性爆炸是物质由于发生化学反应，产生出大量气体和热量而形成的爆炸。这种爆炸能够直接造成火灾。

（2）物理性爆炸

物理性爆炸通常指锅炉、压力容器或气瓶内的物质由于受热、碰撞等因素，使气体膨胀，压力急剧升高，超过了设备所能承受的机械强度而发生的爆炸。

（3）爆炸极限

可燃气体、蒸气和粉尘与空气（或氧气）的混合物，在一定的浓度范围内能发生爆炸。爆炸性混合物能够发生爆炸的最低浓度，称为爆炸下限；能够发生爆炸的最高浓度，称为爆炸上限。爆炸下限和爆炸上限之间的范围，称为爆炸极限。可燃物质的爆炸下限越低，爆炸极限范围越宽，则爆炸的危险性越大。

影响爆炸极限的因素很多。爆炸性混合物的温度越高，压力越大，含氧量越高，以及火源能量超大等，都会使爆炸极限范围扩大。

可燃气体与氧气混合的爆炸范围都比与空气混合的爆炸范围宽，因而更具有爆炸的危险性。

（三）火灾、爆炸的原因

在一般情况下，水利水电施工企业发生火灾、爆炸的原因主要有：①明火管理不当。无论对生产用火（如焊接等动火作业），还是对生活用火（如吸烟、使用炉灶等），火源管理不善。②易燃物质燃烧。易燃物品没有根据物质的性质分类储存，库房不符合防火标准，或者管理不善等原因。将性质互相抵触的化学物品放在一起，灭火要求不同的物质放在一起，遇水燃烧的物质放在潮湿地点等。棉纱、油布、沾油铁屑等放置不当，在一定条件下自燃起火。③电气设备火灾。电气设施使用、安装、管理不当引起的火灾。例如，超负荷使用电气设施；电气设施的绝缘破损、老化；电气设施安装不符合防火防爆的要求等。电气设备绝缘不良，安装不符合规程要求，线路发生短路，超负荷，接触电阻过大等。④工艺布置不合理。易燃易爆场所未采取相应的防火防爆措施，设备缺乏维护、检修，或检修质量低劣。⑤操作人员违反安全操作规程。作业人员操作失误，造成设备超温超压，或在易燃易爆场所违章动火、吸烟或违章使用汽油等易燃液体。⑥通风不良发生火灾。生产场所的可燃蒸气、气体或粉尘在空气中达到爆炸浓度并遇火源。⑦避雷设备装置不当。缺乏检修或没有避雷装置，发生雷击引起失火。⑧防护设施缺失。易燃易爆生产场所的设备管线没有采取消除静电措施，发生放电火花。⑨压力容器、气瓶等设备及附件，带故障运行或管理不善，引起事故。

（四）预防火灾爆炸的基本方法

预防火灾爆炸的基本方法有控制可燃物，使其浓度在爆炸极限以外；控制助燃物，隔绝空气或控制氧化剂；消除着火源，加强火种管理；阻止火势蔓延等。

1. 控制可燃物，使其浓度在爆炸极限以外

以难燃烧或不燃烧的代替易燃或可燃材料（如用不燃材料或难燃材料做建筑结构、装修材料）；加强通风，降低可燃气体、可燃烧或爆炸的物品采取分开存放、隔离等措施；对性质上相互作用能发生燃烧或爆炸的物品采取分开存放、隔离等措施。

2. 控制助燃物，隔绝空气或控制氧化剂

其原理是限制燃烧的助燃条件，具体方法是：密闭有易燃、易爆物质的房间、容器和

设备，使用易燃易爆物质的生产应在密闭设备管道中进行；对有异常危险的生产采取充装惰性气体（如对乙炔、甲醇等生产充装氮气保护）。

3. 消除着火源

其原理是消除或控制燃烧的着火源。具体方法是：在危险场所，禁止动用明火、吸烟、穿带钉子鞋；采用防爆电气设备，安避雷针，装接地线；进行烘烤、热处理作业时，严格控制温度，不超过可燃物质的自燃点；经常润滑机器轴承，防止摩擦产生高温；用电设备应安装保险器，防止因电线短路或超负荷而起火；存放化学易燃物品的仓库，采取相应的防火措施；对汽车等排烟气系统，安装防火帽或火星熄灭器等。

4. 阻止火势蔓延

其原理是不使新的燃烧条件形成，防止或限制火灾扩大。设置防火墙，划分防火分区，使建筑物及贮罐、堆场等之间留足防火间距；在可燃气体管道上安装水封及阻火器等；在有压力的容器上安装安全阀和防爆膜；在能形成爆炸介质（可燃气体、可燃蒸气和粉尘）的厂房设置泄压门窗、轻质屋盖、轻质墙体等。

（五）灭火的基本方法

灭火就是根据起火物质燃烧的方式和状态，采取一定的措施以破坏燃烧必须具备的基本条件，从而使燃烧停止。灭火的基本方法有以下 4 种：

1. 窒息灭火法

窒息灭火法是阻止空气流入燃烧区或用不燃物质冲淡空气，使燃烧物得不到足够的氧气而熄灭的灭火方法。具体方法是：①用沙土、湿麻袋、水泥、湿棉被等不燃或难燃物质覆盖燃烧物；②喷洒雾状水、干粉、泡沫等灭火剂覆盖燃烧物；③用水蒸气或氮气、二氧化碳等惰性气体灌注发生火灾的区域；④密闭燃烧区域（起火建筑、设备和孔洞），降低燃烧区的氧气含量。

2. 隔离灭火法

隔离灭火法是将燃烧物体与附近的可燃物隔离或将可燃物疏散开，燃烧会因缺少可燃物而停止。它适用于各种固体、液体和气体发生的火灾。具体方法有：①把火源附近的可燃、易燃、易爆和助燃物品搬走；②关闭可燃气体、液体管道的阀门，以减少和阻止可燃物质进入燃烧区；③设法阻拦流散的易燃、可燃液体；④拆除与火源相连的易燃建筑物，形成防止火势蔓延的空间地带。

3. 冷却灭火法

冷却灭火法属于物理灭火方法，就是将灭火剂直接喷射到燃烧物上，以增加散热量，降低燃烧物的温度于燃点以下，使燃烧停止；或者将灭火剂喷洒在火源附近的物体上，使其不受火焰辐射热的威胁，避免形成新的火点。冷却灭火法是灭火的一种主要方法，常用水和二氧化碳作灭火剂冷却降温灭火。灭火剂在灭火过程中不参与燃烧过程中的化学反应。

4. 抑制灭火法

也称化学中断法，就是使灭火剂参与到燃烧反应过程中，使燃烧过程中产生的游离基消失，而形成稳定分子或低活性游离基，使燃烧反应停止。

含氟、氯、溴的化学灭火剂喷向火焰，让灭火剂参与燃烧反应，产生稳定分子或低活性的游离基，从而抑制燃烧过程，使火迅速熄灭。需要注意的是，一定要将灭火剂准确地喷射在燃烧区内。

在火场上采取哪种灭火方法，应根据火灾现场的具体情况、燃烧物质的性质、燃烧的特点和货场的具体情况，以及灭火器材装备的性能进行选择。

上述4种方法在现场可单独采用，也可同时采用。在选择灭火方法时，一定要视火灾的原因采取适当的方法，否则，就可能适得其反，扩大灾害。如对电器火灾，就不能用水浇的方法，而宜用窒息法；对油火，宜用化学灭火剂等。

二、施工现场防火防爆安全技术

施工现场的可燃物质比较多，比如，木材、油料等遇到明火均有可能发生火灾，因而施工现场的火灾危险性还是比较大的。

（一）施工现场防火防爆的一般要求

各单位应建立、健全各级消防责任制和管理制度，组建专职或业务消防队，并配备相应的消防设备，做好日常防火安全巡视检查，及时消除火灾隐患，经常开展消防宣传教育活动和灭火、应急疏散救护的演练；根据施工生产防火安全需要，应配备相应的消防器材和设备，存放在明显易于取用的位置；根据施工生产防火安全的需要，合理布置消防通道和各种防火标志，消防通道应保持通畅，宽度不应小于3.5m；宿舍、办公室、休息室内严禁存放易燃易爆物品，未经许可不得使用电炉；施工区域要使用明火时，应将使用区进行防火分隔，消除动火区域内的易燃、可燃物，配置消防器材，并应有专人监护；油料、炸药、木材等常用的易燃易爆危险品存放使用场所、仓库，应有严格的防火措施和相应消防设施，严禁使用明火和吸烟。

（二）施工现场的仓库防火

易着火的仓库应设在水源充足、消防车能驶到的地方，并应设在下风方向；易燃露天仓库四周内应有不小于 6m 的平坦空地作为消防通道，通道上禁止堆放障碍物；贮量大的易燃仓库应设 2 个以上的大门，并应将生活区、生活辅助区和堆场分开布置；有明火的生产辅助区和生活用房与易燃堆垛之间至少应保持 30m 的防火间距；对易引起火灾的仓库，应将库房内、外按每 $500m^2$ 的区域分段设立防火墙，把建筑平面划分为若干个防火单元，以便考虑失火后能阻止火势的扩散；仓库或堆料场所使用的照明灯与易燃堆垛间至少应保持 1m 的距离；安装的开关箱、接线盒，应距离堆垛外缘不小于 1.5m，不准乱拉临时电气线路；仓库或堆料场严禁使用碘钨灯，以防电气设备起火；在易燃物堆垛附近禁止吸烟和使用明火；对贮存的易燃货物应经常进行防火安全检查，发现火险隐患，必须及时采取措施，予以消除。

（三）施工现场的防火防爆和消防

1. 施工现场防火一般要求

施工现场应明确划分用火作业区域，易燃、可燃材料堆放区域，仓库、废品集中站和生活等区域；施工现场的道路应畅通无阻，设有夜间照明设施，并加强值班巡逻。不准在高压架空线下面搭设临时性建筑物或堆放可燃物品；开工前应将消防器材和设施配备好，并应在生活区、仓库、油库等重点防火部位设置消防水管、消火栓、砂箱、铁锹等；乙炔瓶与氧气瓶的存放距离不得小于 5m，与明火的距离不得小于 10m；未经办理动火审批手续，未采取有效安全措施，不得在重点防火部位或区域进行焊割和生火作业；用可燃材料做保温层、冷却层、隔音层、隔热层设备的部位，或火星能飞溅到的地方，应采取切实可靠的防火措施；冬季施工采用煤炭等取暖，应符合防火要求，并指定专人负责管理；制订有施工现场火灾事故应急预案和应急处置措施；建立各级负责人消防责任制和防火制度，组织义务消防队，经常检查，发现火灾隐患，必须立即消除。

2. 动火区域的划分

凡属下列情况之一的属一级动火区域：油罐、油箱、油槽车和贮存过可燃气体、易燃气体的容器以及连接在一起的辅助设备；危险性较大的登高焊、割作业；各种受压设备；

堆有大量可燃和易燃物质的场所。

凡属下列情况之一的属二级动火：在具有一定危险因素的非禁火区域内进行临时焊、割等作业；小型油箱等容器；登高焊、割作业。

在非固定的、无明显危险因素的场所进行用火作业，均属三级动火作业。

施工现场的动火作业，必须执行审批制度。

3. 施工现场防爆注意事项

（1）爆炸物品贮存

贮存爆炸物品的仓库的厂址应建立在远离施工区域的独立地带，禁止设立在人员聚集的地方。

仓库建筑与周围的水利设施、交通枢纽、桥梁、隧道、高压输电线路、通信线路、输油管道等重要设施的安全距离，必须符合国家有关安全规定。

（2）Ⅰ类场所

即炸药、起爆药、击发药、火工品贮存和黑火药制造加工、贮存的场所，不应安装电气设备，特殊情况下仅允许安装电机的控制按钮及监视用工仪表，其选型应符合Ⅱ类危险场所电气设备的防爆要求；当生产设备采用电力传动时，电动机应安装在无危险场所，采取隔墙传动；电气照明采用安装在建筑外墙壁龛灯或装在室外的投光灯。

（3）Ⅱ类场所

即起爆药、击发药、火工品制造的场所，电气设备表面温度不得超过120℃，且符合防爆电气设备的有关规定；应采用密闭防爆型、隔爆型、正压型或防爆充油型、本质安全型、增安型（仅限于灯类及控制按钮）。

（4）Ⅲ类场所

即理化分析成品试验站，应选用密封型、防水防尘型设备。建立出入库检查、登记制度，收存和发放民用爆炸物品必须进行登记，做到账目清楚；储存的民用爆炸物品数量不得超过设计容量，对性质相抵触的民用爆炸物品须分库储存，严禁在库房内存放其他物品；专用仓库应当指定专人管理、看护，严禁无关人员进入仓库区内，严禁在仓库区内吸烟和用火，严禁把其他容易引起燃烧、爆炸的物品带入仓库区内，严禁在库房内住宿和进行其他活动；民用爆炸物品丢失，应当立即报告当地公安机关。

4. 施工现场主要场所的消防管理

施工作业区的防火间距：用火作业区距所建的建筑物和其他区域不应小于25m；仓库区、易燃、可燃材料堆集场距所建的建筑物和其他区域不应小于20m；易燃品集中站距所建的建筑物和其他区域不应小于 30m。

加油站、油库应遵守下列规定：①独立建筑，与其他设施、建筑直接的防火安全距离不应小于 50m；②周围应设有高度不小于 2.0m 的围墙、栅栏；③库区道路应设环形车道，路宽不应小于 3.5m，应设有专门的消防通道，保持畅通；④罐体应装有呼吸阀，阻火器等防火安全装置；⑤应安装覆盖库（站）区的避雷装置，且应定期检测，其接地电阻不应大于 10Ω；⑥罐体、管道应设防静电接地装置，接地网、线用 40mm×4mm 扁钢或 φ10mm 圆钢埋设，且应定期检测，其接地电阻不应大于 30Ω；⑦主要位置应设置醒目的禁火警示标志及安全防火规定标志；⑧应配备相应数量的泡沫、干粉灭火器和砂土等灭火器材；⑨应使用防爆型动力和照明电器设备；⑩库区内严禁一切火源，严禁吸烟及使用手机；⑪工作人员应熟悉使用灭火器材和消防常识；⑫运输使用的油罐车应密封，并有防静电设施。

木材加工厂（场、车间）应遵守下列规定：①独立建筑，与周围其他设施、建筑之间的安全防火距离不应小于 20m；②安全消防通道保持畅通；③原材料、半成品、成品堆放整齐有序，并留有足够的通道，保持畅通；④及时清除木屑、刨花、边角料等弃物，严禁置留在场内，保持场内整洁；⑤设有 10 立方米以上的消防水池、消防栓及相应数量的灭火器材；⑥作业场所内禁止使用明火和吸烟；⑦在明显位置设置醒目的禁火警示标志及安全防火规定标志。

5. 施工现场灭火器材的配备

临时设施区，每 100m^2配备 2 个灭火器，大型临时设施总面积超过 1 200m^2的，应备有消防用的太平桶、积水桶（池）、黄沙池等器材设施；木工间、油漆间、木（机）具间等，每 25m^2应配置 1 个种类合适的灭火机；油库、危险品仓库配备足够数量、种类的灭火机。

第二节 危险化学品安全技术

一、危险化学品基础知识

（一）危险化学品的主要危险特性

1. 燃烧性

爆炸品、压缩气体和液化气体中的可燃性气体、易燃液体、易燃固体、自燃物品、遇湿易燃物品、有机过氧化物等，在条件具备时均可能发生燃烧。

2. 爆炸性

爆炸品、压缩气体和液化气体、易燃液体、易燃固体、自燃物品、遇湿易燃物品、氧化剂和有机过氧化物等危险化学品均可能由于其化学活性或易燃性引发爆炸事故。

3. 毒害性

许多危险化学品可通过一种或多种途径进入人体和动物体内，当其在人体累积到一定量时，便会扰乱或破坏肌体的正常生理功能，引起暂时性或持久性的病理改变，甚至危及生命。

4. 腐蚀性

强酸、强碱等物质能对人体组织、金属等物品造成损坏，接触到人的皮肤、眼睛或肺部、食道等时，会造成灼伤而引起表皮组织坏死。内部器官被灼伤后可引起炎症，甚至会造成死亡。

5. 放射性

放射性危险化学品通过放出的射线可阻碍和伤害人体细胞活动机能并导致细胞死亡。

（二）危险化学品的事故预防控制措施

1. 危险化学品的中毒、污染事故的预防控制措施

目前，预防危险化学品的中毒、污染事故采取的主要措施是替代、变更工艺、隔离、通风、个体防护和保持卫生。

（1）替代

选用无毒或低毒的化学品代替有毒有害化学品，选用可燃化学品代替易燃化学品。例如，用甲苯替代喷漆中的苯。

（2）变更工艺

采用新技术、改变原料配方，消除或降低危险化学品的危害。例如，以往用乙炔制乙醛，采用汞做催化剂，现用乙烯为原料，通过氧化或氧氯化制乙醛，不需用汞做催化剂，通过变更工艺，彻底消除了汞害。

（3）隔离

将生产设备封闭起来，或设置屏障，避免作业人员直接暴露于有害环境中。最常用的隔离方法是将生产或使用的设备完全封闭起来，使工人在操作中不接触危险化学品，或者把生产设备和操作室隔离开，也就是把生产设备的管线阀门、电控开关放在与生产地点完

全隔离的操作室内。

（4）通风

借助于有效的通风，使作业场所空气中有害气体、蒸气或粉尘的浓度降低，通风分局部排风和全面通风 2 种。局部排风适用于点式扩散源，将污染源置于通风罩控制范围内；全面通风适用于面式扩散源，通过提供新鲜空气，将污染物分散稀释。

对于点式扩散源，一般采用局部通风；面式扩散源，一般采用全面通风（也称稀释通风）。例如，实验室中的通风橱，采用的通风管和导管为局部通风设备；冶炼厂中熔化的物质从一端流向另一端时散发出有毒的烟和气，2 种通风系统都有使用。

（5）个体防护

个体防护只能作为一种辅助性措施，是一道阻止有害物质进入人体的屏障。防护用品主要有呼吸防护器具、头部防护器具、眼防护器具、身体防护器具、手足防护用品等。

（6）保持卫生

保持卫生包括保持作业场所清洁和作业人员个人卫生 2 个方面。经常清洗作业场所，对废物、溢出物及时处置；作业人员养成良好的卫生习惯，防止有害物质附着在皮肤上。

2. 危险化学品火灾、爆炸事故的预防措施

防止火灾、爆炸事故发生的基本原则主要有以下 3 点：

（1）防止燃烧、爆炸系统的形成

替代；密闭；惰性气体保护；通风置换；安全监测及连锁。

（2）消除点火源

能引发事故的点火源有明火、高温表面、冲击、摩擦、自燃、发热、电气火花、静电火花、化学反应热、光线照射等。具体的做法有：控制明火和高温表面；防止摩擦和撞击产生火花；火灾爆炸危险场所采用防爆电气设备避免电气火花。

（3）限制火灾、爆炸蔓延扩散的措施

包括阻火装置、防爆泄压装置及防火防爆分隔等。

（三）危险化学品的储存和运输安全

1. 危险化学品储存的安全技术和要求

储存危险化学品必须遵照国家法律、法规和其他有关规定。危险化学品必须储存在经公安部门批准设置的专门的危险化学品仓库内，经销部门自管仓库储存危险化学品及储存数量必须经公安部门批准，未经批准不得随意设置危险化学品储存仓库。危险化学品露天

堆放，应符合防火、防爆的安全要求；爆炸物品、一级易燃物品、遇湿燃烧物品、剧毒物品不得露天堆放。储存危险化学品的仓库必须配备有专业知识的技术人员，其库房及场所应设专人管理，管理人员必须配备可靠的个人安全防护用品。储存的危险化学品应有明显的标志，同一区域储存两种或两种以上不同级别的危险化学品时，应按最高等级危险化学品的性能标志。危险化学品储存方式分为三种：隔离储存、隔开储存、分离储存。根据危险化学品性能分区、分类、分库储存。各类危险化学品不得与禁忌物混合储存。储存危险化学品的建筑物、区域内严禁吸烟和使用明火。

2. 危险化学品运输的安全技术和要求

化学品在运输中发生事故的情况比较常见，全面了解并掌握有关化学品的安全运输规定，对降低运输事故具有重要意义。

国家对危险化学品的运输实行资质认定制度，未经资质认定，不得运输危险化学品。

托运危险物品必须出示有关证明，在指定的铁路、公路交通、航运等部门办理手续。托运物品必须与托运单上所列的品名相符。

危险物品的装卸人员，应按装运危险物品的性质，佩戴相应的防护用品，装卸时必须轻装轻卸，严禁摔拖、重压和摩擦，不得损毁包装容器，并注意标志，堆放稳妥。

危险物品装卸前，应对车（船）搬运工具进行必要的通风和清扫，不得留有残渣，对装有剧毒物品的车（船），卸车（船）后必须洗刷干净。

装运爆炸、剧毒、放射性、易燃液体、可燃气体等物品，必须使用符合安全要求的运输工具；禁忌物料不得混运；禁止用电瓶车、翻斗车、铲车、自行车等运输爆炸物品。运输强氧化剂、爆炸品及用铁桶包装的一级易燃液体时，没有采取可靠的安全措施时，不得用铁底板车及汽车挂车；禁止用叉车、铲车、翻斗车搬运易燃、易爆液化气体等危险物品；温度较高地区装运液化气体和易燃液体等危险物品，要有防晒设施；放射性物品应用专用运输搬运车和抬架搬运，装卸机械应按规定负荷降低25%的装卸量；遇水燃烧物品及有毒物品，禁止用小型机帆船、小木船和水泥船承运。

运输爆炸、剧毒和放射性物品，应指派专人押运，押运人员不得少于2人。

运输危险物品的车辆，必须保持安全车速，保持车距，严禁超车、超速和强行会车。运输危险物品的行车路线，必须事先经当地公安交通部门批准，按指定的路线和时间运输，不可在繁华街道行驶和停留。

运输易燃、易爆物品的机动车，其排气管应装阻火器，并悬挂“危险品”标志。

运输散装固体危险物品，应根据性质，采取防火、防爆、防水、防粉尘飞扬和遮阳等措施。

禁止利用内河以及其他封闭水域运输剧毒化学品。通过公路运输剧毒化学品的，托运人应当向目的地的县级及以上人民政府公安部门申请办理剧毒化学品公路运输通行证。办理剧毒化学品公路运输通行证时，托运人应当向公安部门提交有关危险化学品的品名、数量、运输始发地和目的地、运输路线、运输单位、驾驶人员、押运人员、经营单位和购买单位资质情况的材料。

运输危险化学品需要添加抑制剂或者稳定剂的，托运人交付托运时应当添加抑制剂或者稳定剂，并告知承运人。

危险化学品运输企业，应当对其驾驶员、船员、装卸管理人员、押运人员进行有关安全知识培训。驾驶员、装卸管理人员、押运人员必须掌握危险化学品运输的安全知识，并经所在地设区的市级人民政府交通部门考核合格；船员经海事管理机构考核合格，取得上岗资格证，方可上岗作业。

（四）危险化学品的储存和运输安全

1. 泄漏处理及火灾控制

（1）泄漏处理

第一，泄漏源控制。利用截止阀切断泄漏源，在线堵漏减少泄漏量或利用备用泄料装置使其安全释放。

第二，泄漏物处理。现场泄漏物要及时地进行覆盖、收容、稀释、处理。在处理时，还应按照危险化学品特性，采用合适的方法处理。

（2）火灾控制

第一，灭火一般注意事项。

①正确选择灭火剂并充分发挥其效能。常用的灭火剂有水、蒸汽、二氧化碳、干粉和泡沫等。由于灭火剂的种类较多，效能各不相同，所以在扑救火灾时，一定要根据燃烧物料的性质、设备设施的特点、火源点部位（高、低）及其火势等情况，选择冷却、灭火效能特别高的灭火剂扑救火灾，充分发挥灭火剂各自的冷却与灭火的最大效能。

②注意保护重点部位。

③防止复燃复爆。将火灾消灭以后，要留有必要数量的灭火力量继续冷却燃烧区内的设备、设施、建（构）筑物等，消除着火源，同时将泄漏出的危险化学品及时处理。对可以用水灭火的场所要尽量使用水蒸气或喷雾水流稀释，排除空间内残存的可燃气体或蒸气，以防止复燃复爆。

④防止高温危害。火场上高温的存在不仅造成火势蔓延扩大，也会威胁灭火人员安

全。可以使用喷水降温、利用掩体保护、穿隔热服装保护、定时组织换班等方法避免高温危害。

⑤防止毒害危害。发生火灾时，可能产生一氧化碳、二氧化碳、二氧化硫、光气等有毒物质。在扑救时，应当设置警戒区，进入警戒区的抢险人员应当佩戴个体防护装备，并采取适当的手段消除毒物。

第二，几种特殊化学品火灾扑救注意事项。

①扑救气体类火灾时，切忌盲目扑灭火焰，在没有采取堵漏措施的情况下，必须保持稳定燃烧。否则，大量可燃气体泄漏出来与空气混合，遇点火源就会发生爆炸，造成严重后果。

②扑救爆炸物品火灾时，切忌用沙土盖压，以免增强爆炸物品的爆炸威力；另外扑救爆炸物品堆垛火灾时，水流应采用吊射，避免强力水流直接冲击堆垛，以免堆垛倒塌引起再次爆炸。

③扑救遇湿易燃物品火灾时，绝对禁止用水、泡沫、酸碱等湿性灭火剂扑救。一般可使用干粉、二氧化碳、卤代烷扑救，但钾、钠、铝、镁等物品用二氧化碳、卤代烷无效。固体遇湿易燃物品应使用水泥、干砂、干粉、硅藻土等覆盖。对镁粉、铝粉等粉尘，切忌喷射有压力的灭火剂，以防止将粉尘吹扬起来，引起粉尘爆炸。

④扑救易燃液体火灾时，比水轻又不溶于水的液体用直流水、雾状水灭火往往无效，可用普通蛋白泡沫或轻泡沫扑救；水溶性液体最好用抗溶性泡沫扑救。

⑤扑救毒害和腐蚀品的火灾时，应尽量使用低压水流或雾状水，避免腐蚀品、毒害品溅出；遇酸类或碱类腐蚀品最好调制相应的中和剂稀释中和。

⑥易燃固体、自燃物品火灾一般可用水和泡沫扑救，只要控制住燃烧范围，逐步扑灭即可。

2. 废弃物销毁

（1）固体废弃物的处置

第一，危险废弃物。使危险废弃物无害化采用的方法是使它们变成高度不溶性的物质，也就是固化-稳定化的方法。目前，常用的固化-稳定化方法有：水泥固化、石灰固化、塑性材料固化、有机聚合物固化、自凝胶固化、熔融固化和陶瓷固化。

第二，工业固体废弃物。工业固体废弃物是指在工业、交通等生产过程中产生的固体废弃物。一般工业废弃物可以直接进入填埋场进行填埋。对于粒度很小的固体废弃物，为了防止填埋过程中引起粉尘污染，可装入编织袋后填埋。

(2) 爆炸性物品的销毁

凡确认不能使用的爆炸性物品，必须予以销毁，在销毁以前应报告当地公安部门，选择适当的地点、时间及销毁方法。一般可采用以下 4 种方法：爆炸法、烧毁法、溶解法、化学分解法。

3. 有机过氧化物废弃物处理

有机过氧化物是一种易燃、易爆品。其废弃物应从作业场所清除并销毁，其方法主要取决于该过氧化物的物化性质，根据其特性选择合适的方法处理，以免发生意外事故。处理方法主要有：分解、烧毁、填埋。

二、水利水电施工企业危险品管理

水利水电施工企业常用危险化学品的种类见表 4-1。

表 4-1 水利水电工程常见危险化学品种类

序号	储存场所	危险化学品名称	主要危险特性
1	油库、油罐	汽油	燃烧性
2		柴油	燃烧性
3	爆破器材库	炸药	爆炸性
4		导爆管	爆炸性
5		雷管	爆炸性
6		导爆索	爆炸性
7	化学品仓库	丙酮	燃烧性
8		糠醛	燃烧性
9		苯	燃烧性
10		氯	毒害性
11		乙烷	燃烧性
12	化学品仓库	液氨	毒害性
13		卤化氢（盐酸）	腐蚀性
14	其他	易燃固体	燃烧性

（一）水利水电施工企业危险化学品管理一般要求

贮存、运输和使用危险化学品的单位，应建立健全危险化学品安全管理制度，建立事故应急救援预案，配备应急救援人员和必要的应急救援器材、设备、物资，并应定期组织演练。

贮存、运输和使用危险化学品的单位，应当根据消防安全要求，配备消防人员，配置消防设施以及通信、报警装置。

仓库应有严格的保卫制度，人员出入应有登记制度。

贮存危险化学品的仓库内严禁吸烟和使用明火，对进入库区内的机动车辆应采取防火措施。

严格执行有毒有害物品入库验收、出库登记和检查制度。

使用危险化学品的单位，应根据化学危险品的种类、性质，设置相应的通风、防火、防爆、防毒、监测、报警、降温、防潮、避雷、防静电、隔离操作等安全设施。

危险化学品仓库四周，应有良好的排水，设置刺网或围墙，高度不小于2m，与仓库保持规定距离，库区内严禁有其他可燃物品。

危险化学品应分类分项存放，堆垛之间的主要通道应有安全距离，不应超量储存。

（二）水利水电施工企业易燃物品的安全管理

1. 易燃物品的储存

（1）贮存易燃物品的仓库

应执行审批制度的有关规定，并遵守下列规定。①库房建筑宜采用单层建筑；应采用防火材料建筑；库房应有足够的安全出口，不宜少于2个；所有门窗应向外开。②库房内不宜安装电器设备，如须安装时，应根据易燃物品性质，安装防爆或密封式的电器及照明设备，并按规定设防护隔墙。③仓库位置宜选择在有天然屏障的地区，或设在地下、半地下，宜选在生活区和生产区年主导风向的下风侧。④不应设在人口集中的地方，与周围建筑物间应留有足够的防火间距。⑤应设置消防车通道和与贮存易燃物品性质相适应的消防设施；库房地面应采用不易打出火花的材料。⑥易燃液体库房，应设置防止液体流散的设施。⑦易燃液体的地上或半地下贮罐应按有关规定设置防火堤。

（2）应分类存放在专门仓库内

与一般物品以及性质互相抵触和灭火方法不同的易燃、可燃物品，应分库贮存，并标明贮存物品名称、性质和灭火方法。

堆存时，堆垛不应过高、过密，堆垛之间，以及堆垛与堤墙之间，应留有一定间距，通道和通风口，主要通道的宽度不应小于2m，每个仓库应规定贮存限额。

遇水燃烧、爆炸和怕冻、易燃、可燃的物品，不应存放在潮湿、露天、低温和容易积水的地点。库房应有防潮、保温等措施。

受阳光照射容易燃烧、爆炸的易燃、可燃物品，不应在露天或高温的地方存放。应存放在温度较低、通风良好的场所，并应设专人定时测温，必要时采取降温及隔热措施。

包装容器应当牢固、密封，发现破损、残缺、变形、渗漏和物品变质、分解等情况时，应立即进行安全处理。

在入库前，应有专人负责检查，对可能带有火险隐患的易燃、可燃物品，应另行存放，经检查确无危险后，方可入库。

性质不稳定、容易分解和变质以及混有杂质而容易引起燃烧、爆炸的易燃、可燃物品，应经常进行检查、测温、化验，防止燃烧、爆炸。

贮存易燃、可燃物品的库房，露天堆垛，贮罐规定的安全距离内，严禁进行试验、分装、封焊、维修、动用明火等可能引起火灾的作业和活动。

库房内不应设办公室、休息室，不应住人，不应用可燃材料搭建货架；仓库区应严禁烟火。

库房不宜采暖，如贮存物品须防冻时，可用暖气采暖；散热器与易燃、可燃物品堆垛应保持安全距离。

对散落的易燃、可燃物品应及时清除出库。

易燃、可燃液体贮罐的金属外壳应接地，防止静电效应起火，接地电阻应不大于10Ω。

2. 易燃物品的使用

使用易燃物品，应有安全防护措施和安全用具，建立和执行安全技术操作规程和各种安全管理制度，严格用火管理制度。

易燃、易爆物品进库、出库、领用，应有严格的制度。

使用易燃物品应指定专人管理。

使用易燃物品时，应加强对电源、火源的管理，作业场所应备足相应的消防器材，严禁烟火。

遇水燃烧、爆炸的易燃物品，使用时应防潮、防水。

怕晒的易燃物品，使用时应采取防晒、降温、隔热等措施。

怕冻的易燃物品，使用时应保温、防冻。

性质不稳定、容易分解和变质以及性质互相抵触和灭火方法不同的易燃物品应经常检查，分类存放，发现可疑情况时，及时进行安全处理。

作业结束后，应及时将散落、渗漏的易燃物品清除干净。

（三）水利水电施工企业有毒有害物品的安全管理

1. 有毒有害物品的储存

（1）有毒有害物品贮存库房应符合下列要求

化学毒品应贮存于专设的仓库内，库内严禁存放与其性能有抵触的物品。库房墙壁应用防火防腐材料建筑；应有避雷接地设施，应有与毒品性质相适应的消防设施。仓库应保持良好的通风，有足够的安全出口。仓库内应备有防毒、消毒、人工呼吸设备和备有足够的个人防护用具。仓库应与车间、办公室、居民住房等保持一定安全防护距离。安全防护距离应同当地公安局、劳动、环保等主管部门根据具体情况决定，但不宜少于100m。

有毒有害物品应储存在专用仓库、专用储存室（柜）内，并设专人管理，剧毒化学品应实行双人收发、双人保管制度。化学毒品库，应建立严格的进、出库手续，详细记录入库、出库情况。记录内容应包括：物品名称，入库时间，数量来源和领用单位、时间、用途，领用人，仓库发放人等。对性质不稳定，容易分解和变质以及混有杂质可引起燃烧、爆炸的化学毒品，应经常进行检查、测量、化验，防止燃烧爆炸。

2. 有毒有害物品的使用

第一，使用有毒物品作业的单位应当使用符合国家标准的有毒物品，不应在作业场所使用国家明令禁止使用的有毒物品或者使用不符合国家标准的有毒物品。

第二，使用有毒物品作业场所，除应当符合职业病防治法规定的职业卫生要求外，还应符合下列要求：①作业场所与生活场所分开，作业场所不应住人。②有害作业场所与无害作业场所分开，高毒作业场所与其他作业场所隔离。③设置有效的通风装置；可能突然泄漏大量有毒物品或者易造成急性中毒的作业场所，设置自动报警装置和事故通风设施。④高毒作业场所设置应急撤离通道和必要的泄险区。⑤在其醒目位置，设置警示标志和中文警示说明；警示说明应当载明产生危害的种类、后果、预防以及应急救治措施等内容。⑥使用有毒物品作业场所应当设置黄色区域警示线、警示标志；高毒作业场所应当设置红色区域警示线、警示标志。

第三，从事使用高毒物品作业的用人单位，应当配备应急救援人员和必要的应急救援器材、设备、物资，制定事故应急救援预案，并根据实际情况变化对应急救援预案适时进行修订，定期组织演练。

第四，使用单位应当确保职业中毒危害防护设备、应急救援设施、通信报警装置处于正常适用状态，不应擅自拆除或者停止运行。对其进行经常性的维护、检修，定期检测其性能和效果，确保其处于良好的运行状态。

第五，有毒物品的包装应当符合国家标准，并以易于劳动者理解的方式加贴或者拴挂有毒物品安全标签。有毒物品的包装应有醒目的警示标志和中文警示说明。

第六，使用化学危险物品，应当根据化学危险物品的种类、性能，设置相应的通风、防火、防爆、防毒、监测、报警、降温、防潮、避雷、防静电、隔离操作等安全设施。并根据需要，建立消防和急救组织。

第七，盛装有毒有害物品的容器，在使用前后，应进行检查，消除隐患，防止火灾、爆炸、中毒等事故发生。

第八，化学毒品领用，应遵守下列规定：①化学毒品应经单位主管领导批准，方可领取，如发现丢失或被盗，应立即报告。②使用保管化学毒品的单位，应指定专人负责，领发人员有权负责监督投入生产情况。一次领用量不应超过当天所用数量。③化学毒品应放在专用的厨柜内，并加锁。

第九，禁止在使用化学毒品的场所，吸烟、就餐、休息等。

第十，使用化学毒品的工作人员，应穿戴专用工作服、口罩、橡胶手套、围裙、防护眼镜等个人防护用品；工作完毕，应更衣洗手、漱口或洗澡；应定期进行体检。

第十一，使用化学毒品场所、车间还应备有防毒用具、急救设备。操作者应熟悉中毒急救常识和有关安全卫生常识；发生事故应采取紧急措施，保护好现场，并及时报告。

第十二，使用化学毒品场所或车间，应有良好的通风设备，保证空气清洁，各种工艺设备应尽量密闭，并遵守有关的操作工艺规程；工作场所应有消防设施，并注意防火。

第十三，工作完毕，应清洗工作场所和用具；按照规定妥善处理废水、废气、废渣。

第十四，销毁、处理有燃烧、爆炸、中毒和其他危险的废弃有毒有害物品，应当采取安全措施，并征得所在地公安和环境保护等部门同意。

（四）水利水电施工企业油库的安全管理

第一，应根据实际情况，建立油库安全管理制度、用火管理制度、外来人员登记制度、岗位责任制和具体实施办法。

第二，油库员工应懂得所接触油品的基本知识，熟悉油库管理制度和油库设备技术操作规程。

第三，在油库与其周围不应使用明火；因特殊情况需要用火作业的，应当按照用火管理制度办理用火证，用火证审批人应亲自到现场检查，防火措施落实后，方可批准。危险区应指定专人防火，防火人有权根据情况变化停止用火。用火人接到用火证后，要逐项检查防火措施，全部落实后方可用火。

第四，罐装油品的贮存保管，应遵守下列规定：①油罐应逐个建立分户保管账，及时准确记载油品的收、发、存数量，做到账货相符；②油罐储油不应超过安全容量；③对不同品种不同规格的油品，应实行专罐储存。

第五，桶装油品的贮存保管，应遵守下列规定。

保管要求：①应执行夏秋、冬春季定量灌装标准，并做到标记清晰、桶盖拧紧、无渗漏；②对不同品种、规格、包装的油品，应实行分类堆码，建立货堆卡片，逐月盘点数量，定期检验质量，做到货、卡相符；③润滑脂类，变压器油、电容器油、汽轮机油、听装油品及工业用汽油等应入库保管，不应露天存放。

库内堆垛要求：①油桶应立放，宜双行并列，桶身紧靠。②油品闪点在28℃以下的，不应超过2层；闪点在28~45℃的，不应超过3层；闪点在45℃以上的，不应超过4层。③桶装库的主通道宽度不应小于1.8m，垛与垛的间距不应小于1m，垛与墙的间距不应小于0.25~0.5m。

露天堆垛要求：①堆放场地应坚实平整，高出周围地面0.2m，四周有排水设施。②卧放时应做到：双行并列，底层加垫，桶口朝外，大口向上，垛高不超过3层；斜放时要做到：下部加垫，桶身与地面成75°角，大口向上。③堆垛长度不应超过25m，宽度不应超过15m，堆垛内排与排的间距，不应小于1m；垛与垛的间距，不应小于3m。④汽、煤油要斜放，不应卧放。润滑油要卧放，立放时应加以遮盖。

第六，油库消防器材的配置与管理。

灭火器材的配置：①加油站油罐库罐区，应配置石棉被、推车式泡沫灭火机、干粉灭火器及相关灭火设备。②各油库、加油站应根据实际情况制订应急救援预案，成立应急组织机构。消防器材摆放的位置、品名、数量应绘成平面图并加强管理，不应随便移动和挪作他用。

消防供水系统的管理和检修：①消防水池要经常存满水，池内不应有水草杂物。②地下供水管线要常年充水，主干线阀门要常开。地下管线每隔2~3年，要局部挖开检查，每半年应冲洗1次管线。③消防水管线（包括消火栓），每年要做1次耐压试验，试验压力应不低于工作压力的1.5倍。④每天巡回检查消火栓。每月做1次消火栓出水试验。距消火栓5m范围内，严禁堆放杂物。⑤固定水泵要常年充水，每天做1次试运转，消防车要每天发动试车并按规定进行检查、养护。⑥消防水带要盘卷整齐，存放在干燥的专用箱里，防止受潮霉烂。每半年对全部水带按额定压力做1次耐压试验，持续5分钟，不漏水者合格。使用后的水带要晾干收好。

消防泡沫系统的管理和检修：①灭火剂的保管：空气泡沫液应储存于温度在5~40℃的室内，禁止靠近一切热源，每年检查1次泡沫液沉淀状况。化学泡沫粉应储存在干燥通风的室内，防止潮结。酸碱粉（甲、乙粉）要分别存放，堆高不应超过1.5m，每半年将储粉容器颠倒放置1次。灭火剂每半年抽验1次质量，发现问题及时处理。②对化学泡沫发生器的进出口，每年做1次压差测定；空气泡沫混合器，每半年做1次检查校验；化学泡沫室和空气泡沫产生器的空气滤网，应经常刷洗，保持不堵不烂，隔封玻璃要保持完好。③各种泡沫枪、钩管、升降架等，使用后都应擦净、加油，每季进行1次全面检查。④泡沫管线，每半年用清水冲洗1次；每年进行1次分段试压，试验压力应不小于1.18MPa，5分钟无渗漏。⑤各种灭火机，应避免曝晒、火烤，冬季应有防冻措施，应定期换药，每隔1~2年进行1次筒体耐压试验，发现问题及时维修。

第三节　机电设备安装安全技术

一、泵站主机泵安装的安全技术

（一）水泵部件拆装检查

利用起重机械将水泵吊放至拆装现场，应对水泵进行拆装检查及必要的清洗。设备清扫时，应根据设备特点选择合适的清扫方法和保护措施，防止损坏设备。

拆装现场搭设的临时设施应满足防风、防雨、防尘及消防要求；施工现场应保持清洁并有足够的照明及相应的安全防护设施。

主泵零件结合面的浮锈、油污及所涂保护层应清理消除。使用脱漆剂等清扫设备时，作业人员应戴口罩、防护眼镜和防护手套，严防溅落在皮肤和眼睛上；清扫现场应进行隔离，15m范围内不得动火（及打磨）作业；清扫现场应配备足够数量的灭火器。

组合分瓣大件时，应先将一瓣调平垫稳，支点不得少于3点。组合第二瓣时，应防止碰撞，工作人员手脚严禁伸入组合面，应对称拧紧组合螺栓，位置均匀对称分布且数量不得少于4个，设备垫稳后，方可松开吊钩。

设备翻身时，设备下方应设置方木或软质垫层予以保护。翻身时，钢丝绳与设备棱角接触的位置应垫保护材料，且应设置警戒区，设备下方严禁有人行走或逗留。翻身副钩起吊能力不低于设备本身重量的1.2倍。

安装设备、工器具和施工材料应堆放整齐，场地应保持清洁，通道畅通，应“工完、料净、场清”，做到文明生产。

（二）水泵固定、转动部分安装

水泵机组安装时，应先安装固定部分、后安装转动部分。各部件在安装过程中，应严格遵守安装安全技术措施要求。

水泵固定部分安装前，应对施工现场的杂物及积水进行清理，并设机坑排水设施，检查合格后方可安装。

施工现场应配备足够的照明，配电盘应设置漏电和过电流保护装置。潮湿部位应使用不大于24V的照明设备，泵壳内应使用不大于12V的照明设备，不得将行灯变压器带入泵壳内使用。

水泵固定部件安装前，应预先在底部进水池内安装钢支撑架，钢支撑架的强度应能满足全部承载件重量的2倍，将轮毂、中心叶轮依次吊放在支撑架上，并做好稳固措施。

水泵层标高、中心等位置性标记的标示应清晰、牢靠，且进行有效防护。

伸缩节、进水锥管、底座安装时，应保证充足照明，千斤顶、拉伸器等应固定牢靠。

吊装水泵主轴时，应采取防止主轴起吊时发生旋转措施，在主轴下法兰处垫设方木加以防护，人员撤离至安全位置。

在泵主轴吊装接近填料函法兰口处，在法兰四周应采用合适的橡胶板或纸质板条导向防护，并保证四周间隙均匀。

连接主轴和叶轮时，应有专人指挥。楔紧螺栓连接时应使用配套的力矩扳手或专用工具。叶轮运位时，楔子应对称、均匀楔紧。确认支撑平稳后，方可松去吊钩。在四周设置防护栏，并悬挂警示标志。

（三）水泵主轴和电机主轴连接

吊装时，应对起重机械和专用吊具进行全面检查，制动系统应重新进行调整试验，应有专人指挥，指挥人员和操作人员应配备专用通信设备。

当电机主轴完成试吊并提升到一定高度后，可清扫电机主轴法兰和水泵主轴等部位，如要用扁铲或平光机打磨时，应戴防护眼镜。要采用电焊、气焊作业时应及时清除化学溶剂、抹布等易燃物后再进行作业，并有专人监护。

电机主轴应缓慢穿过定子和下机架中心，定子周围应采用合适的导向橡胶板或纸质板条导向防护，保证四周间隙均匀。站在定子上方的人员应选择合适的站立位置，不得踩踏定子绕组。

联轴采用锤击法紧回螺栓时，扳手应紧靠，与螺母配合尺寸应一致。锤击人员与扶扳手的人员成错开角度。高处作业时，应搭设牢固的工作平台，扳手及工器具应用绳索系住。

（四）定子、转子吊装

1. 定子安装

起吊定子时，应对桥机及轨道进行检查、维护和保养。起吊平衡梁与定子组装时，连接螺栓应用专用扳手紧固。应核对定子吊装方位，清除障碍物，检查、测量吊钩的提升高度是否满足起吊要求。起重指挥、操作人员及其他相关人员应明确分工，各司其职。吊运中，噪声较大的施工应暂停作业。定子安装调整时，应在对称、均布的 8 个方向各放置 1 个千斤顶，配以钢支撑进行定子径向调整，严禁超负荷使用千斤顶，同时应检测定子局部变形。

2. 转子吊装

（1）转子吊装准备工作应符合下列规定

①吊装前，应对起重机械和吊具进行全面检查，制动系统应重新进行调整试验。采用两台桥机吊装时，应制订专项吊装方案，进行并车试验，并保证起吊电源可靠。②吊装前，应制订安全技术措施和应急预案，并进行安全技术交底，指定专人统一指挥。③转子吊装前，应计算好起吊高度，制定好起吊路线，并应清理路线内妨碍吊装的障碍物。④吊具安装完成后，应经过认真检查、确认连接正确到位无误后，方可进行吊装。⑤吊转子使用的导向橡胶或纸质板条、对讲机等有关工器具应准备就绪。

（2）转子吊装应符合下列规定

①应缓慢起升转子，原位进行 3 次起落试验，检查桥机主钩制动情况，必要时进行调整。②当转子完成试吊提升到一定的高度后，可清扫法兰、制动环等转子底部各部位，用扁铲或砂轮机打磨时，应戴防护眼镜。③当转子吊装定子时，应缓慢下降，硬度计定子上方周围派人手持导向橡胶板或纸质板条插入定子、转子空气间隙中，并不停上下抽动，预防定子、转子碰撞挤伤。定子上方宜采用专用工作平台，供人员站立，不得踩踏定子绕组。④应利用起重机械配合进行转子下法兰与下端轴上法兰对正调整。采用锤击法紧固螺栓时，扳手应紧靠，与螺母配合尺寸应一致。锤击人员与扶扳手的人员成错开角度。高处作业时，应搭设牢固的工作平台，扳手应用绳索系住。⑤吊装过程中严禁将手伸入组合面之间。

二、水电站水轮机安装安全技术

（一）水轮机的清扫与组合

设备清扫时，应根据设备的特点，选择合适的清扫工具和清洗溶剂。

露天场所清扫组装设备，应搭设临时工棚。工棚应满足设备清扫组装时的防雨、防尘及消防要求。

组合分瓣大件时，应先将一瓣调平垫稳，支点不得少于3点。组合第二瓣时，应防止碰撞，工作人员手脚严禁伸入组合面，应对称拧紧组合螺栓，位置均匀对称分布且数量不得少于4个，设备垫稳后，方可松开吊钩。

设备翻身时，设备下方应设置方木或软质垫层予以保护。翻身时，钢丝绳与设备棱角接触的位置应垫保护材料，且应设置警戒区，设备下方严禁有人行走或逗留。

采用锤击法紧固螺栓时，扳手应紧靠，与螺母配合尺寸应一致。锤击人员与扶扳手的人员成错开角度。高处作业时，应搭设牢固的工作平台，扳手应用绳索系住。

用加热法紧固组合螺栓时，作业人员应戴防护手套，防止烫伤。直接用加热棒加热螺栓时，工件应做好接地保护，加热所用的电源应配备漏电保护开关，作业人员应穿绝缘鞋、佩戴绝缘手套。

进入转轮体内或轴孔内等封闭空间清扫时，不应单独作业，且连续作业时间不宜过长，应配备符合要求的通风设备和个人防护用品，转轮体内或轴孔内存在可燃气体及粉尘时，应使用防爆器具，并设专人监护。

用液压拉伸工具紧固组合螺栓时，操作前应检查液压泵、高压软管及接头是否完好。升压应缓慢，如发现渗漏，应立即停止作业，操作人员应避开喷射方向。升压过程中，严防活塞超过工作行程；操作人员应站在安全位置，严禁将头和手伸到拉伸器上方。

有力矩要求的螺栓连接时，应使用有配套的力矩扳手或专用工具进行连接，不得使用呆扳手或配以加长杆的方法进行拧紧。

应定期对起吊设备的吊钩、钢丝绳、限位器进行检查，确定系统是否可靠，班前班后应做好设备常规检查、设备运行记录和交班记录，使用过程中应经常保养，避免碰撞。

（二）埋件安装

1. 尾水管安装

尾水管安装前，应对施工现场的杂物、积水进行清理排除，并设置机轮机坑排水设施。

潮湿部位应使用不大于24V照明设备和灯具，尾水管衬内应使用不大于12V的照明设备和灯具，不应将行灯变压器带入尾管内使用。

在安装部位应设置必要的人行通道、工作平台和爬梯，爬梯应设扶手，通道及工作临边应设置护栏和安全网等设施。

在尾水管内作业时，使用电焊机、角磨机等电气设备时，应对设备电缆（线）进行检查，不得有破损现象。电缆（线）应悬挂布置，不得随意拖曳，避免损坏电缆（线）造成漏电。

拆除平台、爬梯等设施时，应采取可靠的防倾覆、防坠落安全措施。

尾水管内支撑拆除应符合下列规定：第一，拆除前，除拆除工作所用的跳板外，其他可燃材料应全部清除出去，并确保尾水管内通风良好。第二，内支撑拆除前应制订拆除方案，并进行安全技术交底。第三，内支撑拆除应从上向下逐层拆除。第四，爬梯应固定牢固，并设有护笼。第五，内支撑平台应采用防火材料，并配有消防器材，平台上不得存放拆除的内支撑。以尾水管内支撑作为安全平台时，应对内支撑的安全强度进行验算，并对内支撑焊缝进行检查。第六，不得将拆除的内支撑直接丢入尾水管下部。第七，内支撑吊出前，应对绳索绑扎情况进行检查；吊出机坑时，施工人员应及时撤离。

尾水管防腐涂漆应符合下列规定：第一，尾水管里衬防腐涂擦时，应使用不大于12V的照明设备和灯具；第二，尾水管里衬防腐涂漆时，现场严禁有明火作业；第三，防腐涂漆现场应布置足够的消防设施；第四，涂漆工作平台及脚手架应经联合验收，并悬挂验收合格证书方可拉入使用；第五，防腐施工时，施工人员应配备防毒面具及其他防护用具，现场应设置通风及除尘等设施。

2. 座环与蜗壳安装

施工部位应按相关规定架设牢固的工作平台和脚手架。

使用电动工具对分瓣座环焊接坡口进行打磨处理时，应遵循有关安全操作规程要求。

采用双机抬吊或土法等非常规手段吊装座环时，应编制起重专项方案。专项方案应按程序经审批后实施。

安装蜗壳时，焊在蜗壳环节上的吊环位置应合适，吊环应采用双面焊接且强度满足起吊要求。蜗壳各环节就位后，应用临时拉紧工具固定，下部用千斤顶支牢，然后方可松去吊钩。蜗壳挂装时，当班应按要求完成加固工作。

蜗壳各焊缝的压板等调整工具，应焊接牢固。

在蜗壳内进行防腐、环氧灌浆或打磨作业时，应配备照明、防火、防毒、通风及除尘等设施。

埋件焊缝探伤时，应采取必要的安全防护措施。探伤作业应设置警戒线和警示标志，进行射线探伤时，作业部位周围施工人员应撤离。

埋件须在现场机加工时，应遵守机加工设备的相关安全规程。

（三）导水机构安装

机坑清扫、测定和导水机构预装时，机坑内应搭设牢固的工作平台。

导叶吊装时，作业人员注意力应集中，严禁站在固定导叶与活动导叶之间，防止挤伤。

吊装顶盖等大件前，组合面应清扫干净、磨平高点，吊至安装位置0.4~0.5m处，再次检查清扫安装面，此时吊物应停稳，桥机司机和起重人员应坚守岗位。

在蜗壳内工作时，应随身携带便携式照明设备。

导叶工作高度超过2m时，研磨立面间隙和安装导叶密封应在牢固的工作平台上进行。

水轮机室和蜗壳内的通道应保持畅通，不得将吊物作为交通通道或排水通道。

采用电镀或刷镀对工件缺陷进行处理时，作业人员应做好安全防护。采用金属喷涂法处理工件缺陷时，应做好防护，防止高温灼伤。

（四）转轮安装

1. 转浆式转轮组装应符合下列规定

①使用制造厂提供的专用工具安装部件时，应首先了解其使用方法，并检查有无缺陷和损坏情况。②转轮各部件装配时，吊点应选择合适，吊装应平稳，速度应缓慢均匀。作业人员应服从统一指挥。③装配叶片传动机构时，每吊装1件都应临时固定牢靠。④用桥机紧固螺栓时，应事先计算出紧固力矩，选好匹配的钢丝绳和卡扣。紧固过程中，应设置有效的监控手段，扳手与钢丝绳夹角宜为75°~105°。导向滑轮位置应合适，并应采取防止扳手滑出或钢丝绳绷出的措施。⑤使用电加热器紧固螺栓时，应事先检查加热器与加热装置绝缘是否良好。作业人员应戴绝缘手套，并遵守操作规程。⑥砂轮机翻身时，应做好钢丝绳的防护工作，防止钢丝绳损伤。

2. 混流式转轮组装应符合下列规定

①分瓣转轮组装时，应预先将支墩调平固定。卡栓烘烤时应派专人对烘箱温度进行监测，卡栓安装时应佩戴防护手套。②混流式分瓣转轮刚度试验时，力源应安全可靠，支承

块焊接应牢固，工作人员应站在安全位置，服从统一指挥。③在专用临时棚内焊接分瓣转轮时，应有专门的通风排烟消防措施。当连续焊接超过 8 小时时，作业人员应轮流休息。④进行静平衡实验时，应在转轮下方设置方木垫或钢支墩。焊接转轮配重块时，应将平衡球与平衡板脱离或连接专用接地线。

3. 转轮吊装应符合下列规定

①轴流式机组安装时，转轮室内应清理干净。混流式机组安装时，应在基础环下搭设工作平台，直到充水前拆除，平台应将锥管完全封闭；②轴流式转轮吊入机坑后，如要用悬吊工具悬挂转轮，悬挂应可靠，并经检查验收后，方可继续施工；③贯流式转轮操作油管安装好后进行动作试验时，转轮室内应派专人监护；④大型水轮机转轮在机坑内调整，宜采用桥机辅助和专用工具进行调整的方法，应避免强制顶靠或锤击造成设备的损伤，甚至损坏；⑤在机坑内进行主轴水平度、垂直度测量时，在主轴法兰上的人员应系安全带；⑥进入主轴内进行清扫、焊接、设备安装等作业，应设置通风、照明、消防等设施，焊接应设专用接地线；⑦转轮吊装时机坑及转轮室应有充足安全照明；⑧转轮室工作人员应不少于 3 人，并配备便携式照明器具，不得 1 人单独工作。

（五）水导轴承与主轴密封安装

零部件存放及安装地点，应有充足照明，并配备必要的电压不大于 36V 的安全行灯。

水导轴承油槽做煤油渗漏试验时，应有防漏、防火的安全措施，不得将任何火种带入工作场所，机坑内不得进行电焊或电气试验。

轴瓦吊装方法应稳妥可靠，单块瓦重 40kg 以上应采用手拉葫芦等机械方法吊运。

导轴承油槽上端盖安装完成后，应对密封间隙进行防护。

在水轮机转动部分进行电焊作业时，应安装专用接地线，以保证转动部分处于良好的接地状态。

密封装置安装应排除作业部位的积水、油污及杂物。与其他工作上下交叉作业时，中间应设防护板。

使用手拉葫芦安装导轴承或密封装置时，手拉葫芦应固定牢靠，部件绑扎应牢靠，吊装应平稳，工作人员应服从统一指挥。

（六）接力器安装

现场分解接力器或安装、拆装有弹簧预压力的零件时，应防止弹簧突然弹出伤人；拆装活塞涨圈时，应使用专用工具。

接力器安装时，吊装应平衡，不得碰撞。

油压试验应符合下列规定：第一，接力器应支垫稳固；试压区域应设置警戒线。第二，应使用校验合格的压力表，管路应完好，接头、法兰连接应牢固、无渗漏。第三，使用电动油泵加压时，应装设经相关检测单位检验合格的安全阀，以防止油压过高。第四，操作时应分级缓慢升压，停泵稳压后方可进行检查。第五，遇有缺陷须拆卸处理时，应将油压降到零并排油后进行。补焊处理时，应有专人监护。第六，工作人员不得站在堵板、法兰、焊口、丝扣处对面，或在其附近停留。第七，试验场地应配置消防器材，试验区不得进行动火及打磨作业。

进入回油箱及压油罐内清扫时，应采取充足的供氧、通风措施，施工照明应采用12V低压照明灯具。

调速器调试阶段，应成立专门的指挥领导小组，负责协调统一。导水机构动作时，相关部位应停止其他一切工作，人员撤离，并设专人监护。

调速器无水调试完成后，应投入机械锁定，关闭系统主供油阀，并悬挂“禁止操作，有人工作”标志牌。

调速器有水调试应按厂家相关安全规定进行，并服从机组启动试运行委员会统一指挥。

（七）进水阀及筒形阀安装

1. 蝴蝶阀和球阀安装应符合下列规定

①组装蝴蝶阀活门用的方木支墩应牢靠，并相互连成整体。②蝴蝶阀和球阀平压阀、排气阀等操作阀门安装前应进行密封试验。试验时阀门应支承牢固。③真空破坏阀进行压力检查时，应固定好弹簧，防止弹簧弹出伤人。操作过程中应防止手或杂物进入密封面之间。④伸缩节安装时，钢管与活动法兰之间配合间隙应保持均匀，密封压环应均匀、对称压紧。⑤蝴蝶阀和球阀动作试验前，应检查铜管内和活门附近有无障碍物及人员。试验时应在进入门处挂“禁止入内”警示标志，并设专人监护。⑥进入蝴蝶阀和球阀、钢管内检查或工作时应关闭油源，投入机械锁定，并挂上“有人工作，禁止操作”警示标志，并设专人监护。⑦进水阀有水调试应按厂家相关安全规定进行，并服从机组启动试运行委员会统一指挥。

2. 筒形阀安装应符合下列规定

①筒体组装时，组装支墩应与基础固定牢靠。②筒体组装后，应对其水平及圆度进行

检查。当圆度超差时，应按设计要求进行处理，不宜采用火焰校正。③接力器清扫检查时，应做好人员、设备安全防护，零部件组装前应对清扫好的精密部件进行防尘保护。④活塞杆与筒体连接后应进行垂直度测量，需在活塞杆底部加设垫片时，垫片应进行可靠固定。⑤机坑内工作部位应设置防护栏及防护网，并布置充足的安全照明。⑥导向板等部件打磨时，操作人员应戴防护镜，使用电气设备应做好触电防护措施。⑦筒形阀在无水动作试验前，应对筒形阀及其导向板等进行彻底清扫，保持通信畅通。监测人员严禁将头、手伸入筒体下方。⑧动作试验过程中，如筒阀出现卡阻或抖动，应立即停止试验，查明原因，消除问题。⑨筒形阀无水调试完毕，在蜗壳内进行导水机构安装工作前，应将筒形阀置全开位置，安装机械锁定螺栓，撤除系统油压，关闭筒形阀系统主供油阀并悬挂“禁止操作，有人工作”标志牌。⑩筒形阀有水调试期间每次调试工作完成后，应将筒形阀关闭，并切换至“切除”控制方式，挂“禁止操作”的安全标志。

三、水电站发电机安装安全技术

（一）发电机设备清扫与检查

设备清扫时，应根据设备特点，选择合适的清扫工具及清扫液，防止损坏设备；清扫连续作业时间不宜过长，应配备符合要求的通风设备和个人防护用品，密封空间内存在可燃气体和粉尘时，应使用防爆器具，设专人监护；清扫现场应配备足量的消防器材；露天场所清扫设备，应搭设临时工棚，工棚应满足防雨、防尘及消防等要求。

（二）基础埋设

在发电机机坑内工作，应符合高处作业有关安全技术规定。下部风洞盖板、下机架及风闸基础埋设时，应架设脚手架、工作平台及安全防护栏杆，并应与水轮机室有隔离防护措施，不得将工具、混凝土渣等杂物掉入水轮机室。向机坑中传送材料或工具时，应用绳子或吊篮传送，不得抛掷传送。上层排水不得影响水轮机设备和工作。在机坑中进行电焊、气割作业时，应有防火措施，作业前应检查水轮机室及以下是否有汽油、抹布和其他易燃物，并在水轮机室设专人监护。作业完成后应检查水轮机室有无高温残留物，监护人员应彻底检查作业面下层，确认无隐患后，方可撤离。修凿混凝土时，作业人员应戴防护眼镜，手锤、钢钎应拿牢，不得戴手套工作，并应做好周围设备的防护工作。

（三）定子组装及安装

1. 分瓣定子组装应符合下列规定

①定子基础清扫及测定时，应制定防止落物或坠落的措施，遵守机坑作业安全技术要求。②定子在安装间进行组装时，组装场地应整洁干净。临时支墩应平稳牢固，调整用楔子板应有 2/3 的接触面。测圆架的中心基础板应埋设牢靠。③定子在机坑内组装时，机坑外围应设置安全栏杆和警示标志，栏杆高度应满足安全要求。④机坑内工作平台应牢固，孔洞应封堵，并设置安全网和警示标志。使用测圆架调整定子中心和圆度时，测圆架的基础应有足够的刚度，并与工作平台分开设置，工作平台应有可靠的梯子和栏杆。⑤分瓣定子起吊前应确保起吊工具安全可靠，钢丝绳无断丝、磨损，吊运应有专人负责。⑥分瓣定子组合，第一瓣定子就位时，应临时固定牢靠，经检查确认垫稳后，方可松开吊钩。此后应每吊一瓣定子与前一瓣定子组合成整体，组合螺栓全部套上，均匀地拧紧 1/3 以上的螺栓，并支垫稳妥后，方可松开吊钩，直到组合成整体。⑦定子组合时，作业人员的手严禁伸进组合面之间。上下定子应设置爬梯，不得踩踏线圈。紧固组合螺栓时，应有可靠的工作平台和栏杆。⑧对定子机座组合缝进行打磨时，作业人员应戴防护镜和口罩。⑨在定子的任何部位施焊或气割时，应遵守焊接安全操作规程并派专人监护，严防火灾。

2. 定子安装和调整应符合下列规定

①定子吊装应编制专项安全技术措施及应急预案，并成立专门的组织机构。②定子吊装前应对桥机进行全面检查，逐项确认，应确保桥机电源正常可靠。③定子吊装时，应由专人负责统一指挥；定子起吊前应检查桥机起升制动器。④定子安装调整时，测量中心的求心器装置应装在发电机层。测量人员在机坑内的工作平台，应有一定的刚度要求，且应有上下梯子、走道及栏杆等。⑤定子在机坑调整工程中，应在孔洞部位搭设安全网，高处作业人员必须系安全带。

（四）转子组装

转子支架组装和焊接应符合下列规定。

①转子支架组焊场地应通风良好，配备灭火器材。

②中心体、轮臂或圆盘支架焊缝坡口打磨时，操作人员应佩戴口罩、防护镜等防护用品。

③轮臂或圆盘支架挂装时，中心体应先调平并支撑平稳牢固。轮臂或圆盘支架对称挂

装，垫、放稳后，应穿入4个以上螺栓，并初步拧紧后方可松去吊钩。

④作业人员上下转子支架应设置爬梯。

⑤在专用临时棚内焊接转子支架时，应有专门的通风排烟及消防措施。

⑥轮臂连接或圆盘组装时，轮臂或圆盘支架的扇形体与中心体应连接可靠并垫平稳后，方可松开吊钩。

⑦转子焊接时，应设置专用引弧板，引弧部位材质应与母材相同。不应在工件上引弧。焊接完成后，应割除引弧板并对焊接接口部位进行打磨。

⑧对焊缝进行探伤检查时，应设置警戒线和警示标志。

⑨转子喷漆前应对转子进行彻底清扫，转子上不得有任何灰尘、油污或金属颗粒。对非喷漆部位应进行防护。

⑩涂料存放场、喷漆场地应通风良好，并配备相应的灭火器材。设置明显的防火安全警示标志，喷漆场地应隔离。

（五）机组整体清扫、喷漆

转子、定子喷漆前应将定子上下通风沟槽内用干燥无油的压缩空气清扫干净。油漆不得堵塞定子、转子通风槽或减小通风槽的截面积。喷漆时应戴口罩或防毒面具。工作场地应配有灭火器材等消防器材，并保持通风良好，必要时应设置通风设施。

第五章 水利水电施工项目投标与合同管理

第一节 施工项目投标管理

一、投标人资格要求

投标人应具备承担招标项目施工的资质条件、能力和信誉。具体要求与资格预审一般规定相同。除上述要求外，投标人还不得存在下列情形之一：①为招标人不具有独立法人资格的附属机构（单位）；②为招标项目前期准备提供设计或咨询服务的，但设计施工总承包的除外；③为招标项目的监理人；④为招标项目的代建人；⑤为招标项目提供招标代理服务的；⑥与招标项目的监理人或代建人或招标代理机构同为一个法定代表人的；⑦与招标项目的监理人或代建人或招标代理机构相互控股或参股的；⑧与招标项目的监理人或代建人或招标代理机构相互任职或工作的；⑨被责令停业的；⑩被暂停或取消投标资格的；⑪财产被接管或冻结的；⑫在最近 3 年内有骗取中标或严重违约或有重大工程质量问题的。

二、投标人资质要求

水利工程建设项目施工招标时，投标人应具有相应的企业资质。

（一）总承包企业资质等级标准与承包范围

水利水电工程施工总承包企业资质分为特级、一级、二级、三级。

1. 特级资质标准与承包工程范围

（1）特级资质标准

近 10 年承担过下列 6 项中 3 项以上工程的工程总承包、施工总承包或主体工程承包，其中至少有 1 项是第一或第二中的工程，工程质量合格。

第一，库容 10 亿立方米以上或坝高 80m 以上大坝 1 座，或库容 1 亿立方米以上或坝高60m以上大坝 2 座。

第二，过闸流量>3 000m³/s 的拦河闸 1 座，或过闸流量>1 000m³/s 的拦河闸 2 座。

第三，总装机容量 300MW 以上水电站 1 座，或总装机容量 100MW 以上水电站 2 座。

第四，总装机容量 10MW 以上灌溉、排水泵站 1 座，或总装机容量 5MW 以上灌溉、排水泵站 2 座。

第五，洞径>8m、长度>3 000m 的水工隧洞 1 个，或洞径>6m、长度>2 000m 的水工隧洞 2 个。

第六，年完成水工混凝土浇筑 50 万立方米以上或坝体土石方填筑 120 万立方米以上或岩基灌浆 12 万立方米以上或防渗墙成墙 8 万平方米² 以上。

（2）承包工程范围

特级企业可承担各种类型水利水电工程及辅助生产设施的建筑、安装和基础工程的施工。

2. 一级资质标准与承包工程范围

（1）一级资质标准

①企业近 10 年承担过下列 6 项中的 3 项以上所列工程的施工，其中至少有 1 项是第一或第二中的工程，工程质量合格。

第一，库容 10 亿立方米以上或坝高 80m 以上大坝 1 座，或库容 1 亿立方米以上或坝高 60 米以上大坝 2 座；

第二，过闸流量>3 000m³/s 的拦河闸 1 座，或过闸流量>1 000m³/s 的拦河闸 2 座；

第三，总装机容量 300MW 以上水电站 1 座，或总装机容量 100MW 以上水电站 2 座；

第四，总装机容量 10MW 以上灌溉、排水泵站 1 座，或总装机容量 5MW 以上灌溉、排水泵站 2 座；

第五，洞径>8m、长度>3 000m 的水工隧洞 1 个，或洞径>6m、长度>2 000m 的水工隧洞 2 个；

第六，年完成水工混凝土浇筑 50 万立方米以上或坝体土石方填筑 120 万立方米以上或岩基灌浆 12 万立方米以上或防渗墙成墙 8 万平方米以上。

②企业经理具有 10 年以上从事工程管理工作经历或具有高级职称；总工程师具有 10 年以上从事施工管理工作经历并具有本专业高级职称；总会计师具有高级会计职称；总经济师具有高级职称。

企业有职称的工程技术和经济管理人员不少于220人，其中工程技术人员不少于160人；工程技术人员中，具有本专业高级职称的人员不少于15人，具有本专业中级职称的人员不少于60人。

企业具有的本专业一级资质项目经理不少于15人。

③企业注册资本金5 000万元以上，企业净资产6 000万元以上。

④企业近3年最高年工程结算收入2亿元以上。

⑤企业具有与承担大型拦河闸、坝、水工混凝土、水工隧洞、渡槽、倒虹吸及桥梁、地基处理、岩土工程、水轮发电机组安装相适应的施工机械和质量检测设备。

（2）承包工程范围

一级企业：可承担单项合同额不超过企业注册资本金5倍的各种类型水利水电工程及辅助生产设施的建筑、安装和基础工程施工。工程内容包括：不同类型的大坝、电站厂房、引水和泄水建筑物、通航建筑物、基础工程、导截流工程、砂石料生产、水轮发电机组、输变电工程的建筑安装；金属结构制作安装；压力钢管、闸门制作安装；堤防加高加固、泵站、涵洞、隧道、施工公路、桥梁、河道疏浚、灌溉、排水工程施工。

3. 二级资质标准与承包工程范围

（1）二级资质标准

①企业近10年承担过下列6项中的3项以上所列工程的施工，其中至少有1项是第一或第二中的工程，工程质量合格。

第一，库容1亿立方米以上或坝高50m以上大坝1座，或库容1 000万立方米以上或坝高40m以上大坝2座；

第二，过闸流量>1 000m^3/s的拦河闸1座，或过闸流量>100m^3/s的拦河闸座；

第三，总装机容量50MW以上水电站1座，或总装机容量10MW以上水电站2座；

第四，总装机容量1MW以上灌溉、排水泵站1座，或总装机容量500kW以上灌溉、排水泵站2座；

第五，洞径>6m、长度>2 000m的水工隧洞1个；

第六，年完成水工混凝土浇筑20万立方米以上或坝体土石方填筑60万立方米以上或岩基灌浆6万立方米以上或防渗墙成墙4万平方米以上。

②企业经理具有8年以上从事工程管理工作经历或具有中级以上职称；技术负责人具有8年以上从事施工管理工作经历并具有本专业高级职称；财务负责人具有中级以上会计职称。

企业有职称的工程技术和经济管理人员不少于160人，其中，工程技术人员不少于

100 人；工程技术人员中，具有本专业高级职称的人员不少于 8 人，具有本专业中级职称的人员不少于 40 人。

企业具有的本专业二级资质以上项目经理不少于 10 人。

③企业注册资本金 2000 万元以上，企业净资产 2500 万元以上。

④企业近 3 年最高年工程结算收入 1 亿元以上。

⑤企业具有与承担中型拦河闸、坝、水工混凝土、水工隧洞、渡槽、倒虹吸及桥梁、地基处理、岩土工程相适应的施工机械和质量检测设备。

（2）承包工程范围

二级企业：可承担单项合同额不超过企业注册资本金 5 倍的下列工程的施工：库容 1 亿立方米、装机容量 100MW 及以下水利水电工程及辅助生产设施的建筑、安装和基础工程施工。工程内容包括：不同类型的大坝、电站厂房、引水和泄水建筑物、通航建筑物、基础工程、导截流工程、砂石料生产、水轮发电机组、输变电工程的建筑安装；金属结构制作安装；压力钢管、闸门制作安装；堤防加高加固、泵站、涵洞、隧道、施工公路、桥梁、河道疏浚、灌溉、排水工程施工。

4. 三级资质标准与承包工程范围

（1）三级资质标准

①企业近 10 年承担过下列 6 项中的 3 项以上所列工程的施工，其中至少有 1 项是第一或第二中的工程，工程质量合格。

第一，库容 100 万立方米以上大坝 1 座。

第二，过闸流量>$20m^3/s$ 的拦河闸 1 座。

第三，总装机容量 5MW 以上水电站 1 座。

第四，总装机容量 0. 1MW 以上灌溉、排水泵站 1 座。

第五，洞径>4m、长度>1 500m 的水工隧洞 1 个。

第六，年完成水工混凝土浇筑 3 万立方米以上或坝体土石方填筑 20 万立方米以上或岩基灌浆 2 万立方米以上或防渗墙成墙 1 万平方米以上。

②企业经理具有 6 年以上从事工程管理工作经历或具有中级以上职称；技术负责人具有 6 年以上从事施工管理工作经历并具有本专业中级以上职称；财务负责人具有初级以上会计职称。

企业有职称的工程技术和经济管理人员不少于 50 人，其中，工程技术人员不少于 30 人；工程技术人员中，具有本专业中级以上职称的人员不少于 10 人。企业具有的本专业三级资质以上项目经理不少于 6 人。

③企业注册资本金 600 万元以上，企业净资产 720 万元以上。

④企业近 3 年最高年工程结算收入 2 000 万元以上。

⑤企业具有与承包工程范围相适应的施工机械和质量检测设备。

承包工程范围：

三级企业：可承担单项合同额不超过企业注册资本金 5 倍的施工工程为库容 1 000 万立方米、装机容量 1.0 兆瓦及以下水利水电工程及辅助生产设施的建筑、安装和基础工程施工。工程内容包括：不同类型的大坝、电站厂房、引水和泄水建筑物、通航建筑物、基础工程、导截流工程、砂石料生产、水轮发电机组、输变电工程的建筑安装；金属结构制作安装；压力钢管、闸门制作安装；堤防加高加固、泵站、涵洞、隧道、施工公路、桥梁、河道疏浚、灌溉、排水工程施工。

（二）专业承包企业资质等级标准与承包范围

1. 水工建筑物基础处理工程专业承包企业

水工建筑物基础处理工程专业承包资质分为一级、二级、三级。

（1）一级资质标准

①企业近 5 年承担过下列 5 项中的 3 项以上工程施工，其中至少有 1 项是第一或第二中的工程，工程质量合格。

第一，深度 60m 以上含卵漂石地层的防渗墙工程。

第二，深度 60m 以上的帷幕灌浆工程。

第三，单项工程造价 700 万元以上的堤坝垂直防渗工程。

第四，单项工程造价 400 万元以上的基础灌浆工程。

第五，单项工程造价 300 万元以上的基础加固工程。

②企业经理具有 10 年以上从事工程管理工作经历或具有高级职称；总工程师具有本专业高级职称的总工程师；总会计师具有高级会计职称。

企业有职称的工程技术和经济管理人员不少于 120 人，其中，工程技术人员不少于 90 人；工程技术人员中，具有高级职称的人员不少于 8 人，具有中级职称的人员不少于 30 人。企业具有的本专业一级资质项目经理不少于 8 人。

③企业注册资本金 1 500 万元以上，企业净资产 1 800 万元以上。

④企业近 3 年最高年工程结算收入 5 000 万元以上。

⑤企业具有与承包工程范围相适应的施工机械和质量检测设备。

（2）二级资质标准

①企业近5年承担过下列5项中的3项以上工程施工，其中至少有1项是第一或第二中的工程，工程质量合格。

第一，深度40m以上的含卵漂石地层的防渗墙工程。

第二，深度40m以上的帷幕灌浆工程。

第三，单项工程造价500万元以上的堤坝垂直防渗工程。

第四，单项工程造价300万元以上的基础灌浆工程。

第五，单项工程造价200万元以上的基础加固工程。

②企业经理具有8年以上从事工程管理工作经历或具有中级以上职称；技术负责人具有本专业高级职称；财务负责人具有中级以上会计职称。

企业有职称的工程技术和经济管理人员不少于60人，其中，工程技术人员不少于40人；工程技术人员中，具有高级职称的人员不少于4人，具有中级职称的人员不少于15人。企业具有的本专业二级资质以上项目经理不少于5人。

③企业注册资本金800万元以上，企业净资产1 000万元以上。

④企业近3年最高年工程结算收入1 500万元以上。

⑤企业具有与承包工程范围相适应的施工机械和质量检测设备。

（3）三级资质标准

①企业近5年承担过下列5项中的2项以上工程施工，工程质量合格。

第一，深度25m以上的含卵砾石地层的防渗墙工程。

第二，深度30m以上的帷幕灌浆。

第三，单项工程造价200万元以上的堤坝垂直防渗工程。

第四，单项工程造价100万元以上的基础灌浆工程。

第五，单项工程造价50万元以上的基础加固工程。

②企业经理具有5年以上从事工程管理工作经历或具有中级以上职称；技术负责人具有本专业中级以上职称；财务负责人具有初级以上会计职称。

企业有职称的工程技术和经济管理人员不少于30人，其中，工程技术人员不少于15人；工程技术人员中，具有中级以上职称的人员不少于5人。企业具有的本专业三级资质以上项目经理不少于5人。

④企业注册资本金300万元以上，企业净资产400万元以上。

④企业近3年最高年工程结算收入500万元以上。

⑤企业具有与承包工程范围相适应的施工机械和质量检测设备。

（4）承包工程范围

一级企业：可承担各类水工建筑物基础处理工程的施工。

二级企业：可承担单项合同额 1 500 万元以下的水工建筑物基础处理工程的施工。

三级企业：可承担单项合同额 500 万元以下的水工建筑物基础处理工程的施工。

2. 水工金属结构制作与安装工程专业承包企业

水工金属结构制作与安装工程专业承包企业资质分为一级、二级、三级。

（1）一级资质标准

①企业近 5 年承担过下列 5 项中的 2 项以上所列工程的施工，其中至少有 1 项是第一或第二中的工程，工程质量合格。

第一，单扇 FH>5 000 的超大型或单扇 100t 以上的闸门制作安装工程 2 个，或承担过单扇 50t 以上的闸门制作安装工程 4 个。

第二，单项 DH>1 500 的超大型或单项 3 000t 以上的压力钢管制作安装工程 1 个，或 DH>1 000 的大型或单项 2000t 以上的压力钢管制作安装工程 3 个。

第三，2 台 2×60 t 表示有两台，每台的负载或容量是 2 乘以 60 吨，也就是每台 120 吨。

第四，单位工程造价 500 万元以上的金属结构制作安装工程。

第五，单扇 FH>5 000 的超大型拦污栅制作安装工程 2 个。

②企业经理具有 10 年以上从事工程管理工作经历或具有高级职称；总工程师具有本专业高级职称；总会计师具有高级会计职称。

企业有职称的工程技术和经济管理人员不少于 60 人，其中，工程技术人员不少于 40 人；工程技术人员中，具有高级职称的人员不少于 5 人，具有中级职称的人员不少于 20 人。

企业具有的本专业一级资质项目经理不少于 5 人。

③企业注册资本金 1 000 万元以上，企业净资产 1 200 万元以上。

④企业近 3 年最高年工程结算收入 1 000 万元以上。

⑤企业具有与承包工程范围相适应的施工机械和质量检测设备。

（2）二级资质标准

①企业近 5 年承担过下列 5 项中的 2 项以上所列工程的施工，其中至少有 1 项是第一或第二中的工程，工程质量合格。

第一，单扇 FH>1 000 的大型或单扇 50t 以上的闸门制作安装工程 2 个，或 FH>200 的中型或单扇 25t 以上的闸门制作安装工程 4 个。

第二，单项 DH>1 000 的大型或单项 1 500t 以上的压力钢管制作安装工程 1 个，或 DH >200 的中型或单项 700t 以上的压力钢管制作安装工程 3 个。

第三，2 台 2×60 t 表示有两台，每台的负载或容量是 2 乘以 60 吨，也就是每台 120 吨。

第四，单位工程造价 200 万元以上的金属结构制作安装工程。

第五，单扇 FH>1 000 的大型拦污栅制作安装工程 2 个。

②企业经理具有 8 年以上从事工程管理工作经历或具有中级以上职称；技术负责人具有本专业高级职称；财务负责人具有中级以上会计职称。

企业有职称的工程技术和经济管理人员不少于 30 人，其中，工程技术人员不少于 20 人；工程技术人员中，具有高级职称的人员不少于 2 人，具有中级职称的人员不少于 8 人。企业具有的本专业二级资质以上项目经理不少于 5 人。

③企业注册资本金 500 万元以上，企业净资产 600 万元以上。

④企业近 3 年最高年工程结算收入 600 万元以上。

⑤企业具有与承包工程范围相适应的施工机械和质量检测设备。

（3）三级资质标准

①企业近 5 年承担过下列 5 项中的 2 项以上所列工程的施工，工程质量合格。

第一，单扇 FH>200 的小型或单扇 10t 以上的闸门制作安装工程 2 个，或中小型平面滑动闸门、定轮闸门、弧形闸门的制作安装工程 2 个。

第二，单项 DH>300 的小型或单项 25t 以上的压力钢管制作安装工程 2 个。

第三，2×10t 以上启闭机安装工程 2 个。

第四，中型水利水电工程金属结构制作安装工程。

第五，单扇 FH>200 的中型拦污栅安装工程。

②企业经理具有 5 年以上从事工程管理工作经历或具有中级以上职称；技术负责人具有本专业中级以上职称；财务负责人具有初级以上会计职称。

企业有职称的工程技术和经济管理人员不少于 15 人，其中，工程技术人员不少于 8 人；工程技术人员中，具有中级以上职称的人员不少于 5 人。企业具有的三级资质以上项目经理不少于 3 人。

③企业注册资金 200 万元以上，企业净资产 240 万元以上。

④企业近 3 年最高年工程结算收入 300 万元以上。

⑤企业具有与承包工程范围相适应的施工机械和质量检测设备。

（4）承包工程范围

一级企业：可承担各类压力钢管、闸门、拦污栅等水工金属结构工程的制作、安装及启闭机的安装。

二级企业：可承担单项合同额不超过企业注册资本金 5 倍的大型及以下压力钢管、闸门、拦污栅等水工金属结构工程的制作、安装及启闭机的安装。

三级企业：可承担单项合同额不超过企业注册资本金 5 倍的中型及以下压力钢管、闸门、拦污栅等水工金属结构工程的制作、安装及启闭机的安装。

三、投标文件编制与投送

投标文件是投标者向工程业主发出的书面报价，是正式参加投标竞争的证明文件，是承包商参加竞争的信心和实力的体现。投标人应当按照招标文件的要求编写投标文件，并在招标文件规定的投标截止时间之前密封送达招标人。在投标截止时间之前，投标人可以撤回已递交的投标文件或进行更正和补充，但应当符合招标文件的要求。

投标文件应完全按照招标文件的各项要求编制。一般不能带任何附加条件，否则将导致投标作废。

1. 编制投标文件的准备工作

组织投标班子，确定人员的分工。

仔细阅读招标文件中的投标须知、投标书及附表、工程量清单、技术规范等部分。发现需业主解释澄清的问题，应组织讨论，须提到业主组织的标前会的问题，应书面寄交业主，标前会后发现的问题应随时函告业主，切勿口头商讨。来往信函应编号存档备查。

投标人应根据图纸审核工程量清单中分项分部工程的内容和数量。发现有错误，应在招标文件规定的期限内向业主提出。

收集现行定额和综合单价、取费标准、市场价格信息和各类有关标准图集，并熟悉政策性调价文件。

准备好有关计算机软件系统，力争全部投标文件用计算机打印，包括网络进度计划。

2. 投标文件的内容

①投标书。招标文件中通常有规定的格式投标书，投标者只需按规定的格式填写必要的数据和签字即可，以表明投标者对各项基本保证的确认。

第一，确认投标者完全愿意按招标文件中的规定承担工程施工、建成、移交和维修等任务，并写明自己的总报价金额。

第二，确认投标者接受的开工日期和整个施工期限。

第三，确认在本投标被接受后，愿意提供履约保证金（或银行保函），其金额符合招标文件规定。

②有报价的工程量表。一般要求在招标文件所附的工程量表原件上填写单价和总价，每页均有小计，并有最后的汇总价。工程量表的每一个数字均须认真校核，并签字确认。

③业主可能要求递交的文件，如施工方案、特殊材料的样本和技术说明等。

④银行出具的投标保函。须按招标文件中所附的格式由业主同意的银行开出。

⑤原招标文件的合同条件、技术规范和图纸。如果招标文件有要求，则应按要求在某些招标文件的每页上签字并交回业主。这些签字表明投标商已阅读过，并承认了这些文件。

3. 投标文件的编制注意事项

①投标文件中必须采用招标文件规定的文件表格格式。填写表格时应根据招标文件的要求。否则在评标时就认为放弃此项要求。重要的项目或数字，如质量等级、价格、工期等未填写，将作为无效或作废的投标文件处理。

②所编制的投标文件“正本”只有一份，“副本”则按招标文件前附表要求的份数提供。正本与副本不一致，以正本为准。

③投标文件应打印清楚、整洁、美观。所有投标文件均应由投标人的法定代表人签署，加盖印章及法人单位公章。

④对报价数据应核对，消除算术计算错误。对各分部分项工程的报价及报价的单方造价、全员劳动生产率，单位工程一般用料和用工指标，人工费和材料费等的比例是否正常等应根据现有指标和企业内部数据进行宏观审核，防止出现大的错误和漏项。

⑤全套投标文件应当没有涂改和行间插字。如投标人造成涂改或行间插字，则所有这些地方均应由投标文件签字人签字并加盖印章。

⑥如招标文件规定投标保证金为合同总价的某一百分比时，投标人不宜过早开具投标保函，以防泄露自己一方的报价。

⑦编制投标文件过程中，必须考虑开标后如果进入评标对象时，在评标过程中应采取对策。

4. 投标文件的投送

递送投标文件也称递标。是指投标商在规定的投标截止日期之前，将准备妥的所有投标文件密封递送到招标单位的行为。

所有的投标文件必须经反复校核，审查并签字、盖章，特别是投标授权书要由具有法人地位的公司总经理或董事长签字、盖章。投标保函在保证银行行长签字盖章后，还要由投标人签字确认。然后按投标须知要求，认真细致地分装密封包装起来，由投标人亲自在截标之前送交招标的收标单位，或者通过邮寄递交。邮寄递交要考虑路途的时间，并且注意投标文件的完整性，一次递交，切不可迟交或因文件不完整而导致文件作废。

有许多工程项目的截止收标时间和开标时间几乎同时进行，交标后立即组织当场开标。迟交的标书即宣布无效。因此，不论采用什么方法送交标书，一定要保证准时送达。对于已送出的标书若发现有错误要修改，可致函、发紧急电报或电传通知招标单位，修改或撤销投标书的通知不得迟于招标文件规定的截标时间。总之，要避免因为细节的疏忽与技术上的缺陷使投标文件失效或无利中标。

至于招标者，在收到投标商的投标文件后，应签收或通知投标商已收到其投标文件，并记录收到的日期和时间；在收到投标文件到开标之前，所有投标文件均不得启封，并应采取措施确保投标文件的安全。

四、准备备忘录提要

招标文件中一般都明确规定，不允许投标者对招标文件的各项要求进行随意取舍、修改或提出保留。但是在投标过程中，投标者对招标文件反复深入地进行研究后，往往会发现很多问题，这些问题大体可分为 3 类。

第一类是对投标者有利的，可以在投标时加以利用或在以后提出索赔要求的，这类问题投标者一般在投标时是不提的。

第二类是发现的错误明显对投标者不利的，如总价包干合同工程项目漏项或是工程量偏少，这类问题投标者应及时向业主提出质疑，要求业主更正。

第三类是投标者企图通过修改某些招标文件的条款或是希望补充某些规定，以使自己在合同实施时能处于主动地位的问题。

上述问题在准备投标文件时应单独写成一份备忘录提要。但这份备忘录提要不能附在投标文件中提交，只能自己保存。第三类问题留待合同谈判时使用，也就是说，当该投标使业主感兴趣，业主邀请投标者谈判时，再根据当时情况，把这些问题逐个地拿出来谈判，并将谈判结果写入合同协议书的备忘录中。

总之，在投标阶段除第二类问题外，一般应少提问题，以免影响中标。

五、投标保证金

投标人在递交投标文件的同时，应当递交投标保证金。投标保证金提交的具体要求如下。

投标保证金除现金外，应当是投标人基本账户银行出具的银行保函、保兑支票、银行汇票、现金支票或来自投标人基本账户的电汇和转账支票。

联合体投标的，其投标保证金由牵头人递交，并应符合招标文件的规定。

投标人不按要求提交投标保证金的，其投标文件做废标处理。

招标人与中标人签订合同后 5 个工作日内，向未中标的投标人和中标人退还投标保证金。

投标人在规定的投标有效期内撤销或修改其投标文件，或中标人在收到中标通知书后，无正当理由拒签合同协议书或未按招标文件规定提交履约担保的，投标保证金将不予退还。

投标保证金一般不超过投标报价的 2%，但最高不得超过 80 万元。除前述金额控制外，投标保证金一般也要遵守以下标准：

第一，合同估算价 1 000 万元以上的，投标保证金金额不超过合同估算价的 5%。

第二，合同估算价 3 000 万元至 10 000 万元之间的，投标保证金金额不超过合同估算价的 6%。

第三，合同估算价 3 000 万元以下的，投标保证金金额不超过合同估算价的 7%。但最低不得少于 1 万元。

六、对投标人的纪律要求

投标人不得以他人名义投标或允许他人以本单位名义承揽工程或串通投标报价。

1. 以他人名义投标行为

投标人挂靠其他施工单位。

投标人从其他施工单位通过转让或租借的方式获取资格或资质证书。

由其他单位及法定代表人在自己编制的投标文件上加盖印章或签字的行为。

2. 允许他人以本单位名义承揽工程行为

投标人的法定代表人的委托代理人不是投标人本单位人员。

投标人拟在施工现场所设项目管理机构的项目负责人、技术负责人、财务负责人、质量管理人员、安全管理人员不是本单位人员。

投标人为本单位人员，必须同时满足以下条件：

①聘任合同必须由投标人单位与之签订。

②与投标人单位有合法的工资关系。

③投标人单位为其办理社会保险关系，或具有其他有效证明其为本单位人员身份的文件。

3. 串通投标报价行为

投标人之间相互约定抬高或压低投标报价。

投标人之间相互约定，在招标项目中分别以高、中、低价位报价。

投标人之间先进行内部定价，内定中标人，然后再参加投标。

投标人之间其他串通投标报价的行为。

第二节　施工项目合同管理

一、发包人与承包人的义务责任界定

（一）发包人的义务和责任界定

《水利水电工程标准施工招标文件》将发包人和承包人的义务和责任进行了合理划分。合同约定的发包人义务和责任反映了合同管理的主要方面除合同约定外，发包人还须根据有关规定承担法定的义务和责任。

1. 发包人的义务和责任

第一，遵守法律。

第二，发出开工通知。

第三，提供施工场地。

第四，协助承包人办理证件和批件。

第五，组织设计交底。

第六，支付合同价款。

第七，组织法人验收。

第八，专用合同条款约定的其他义务和责任。

2. 发包人在履行义务和责任时应注意的事项

第一，发包人在履行合同过程中应遵守法律，并保证承包人免予承担因发包人违反法

律而引起的任何责任。

第二，发包人应及时向承包人发出开工通知，若延误发出开工通知，将可能使承包人失去开工的最佳时机，影响工程工期，并可能形成索赔。开工通知的具体要求如下：

①监理人应在开工日期7天前向承包人发出开工通知，监理人在发出开工通知前应获得发包人同意。

②工期自监理人发出的开工通知中载明的开工日期起计算。

③承包人应在开工日期后尽快施工。承包人在接到开工通知后14天内未按进度计划要求及时进场组织施工，监理人可通知承包人在接到通知后7天内提交一份说明其进场延误的书面报告，报送监理人。书面报告应说明不能及时进场的原因和补救措施，由此增加的费用和工期延误责任由承包人承担。

第三，提供施工场地是发包人的义务和责任，特殊条件下，临时征地可由承包人负责实施，但责任仍旧是发包人的。施工场地包括永久占地和临时占地，发包人提供施工场地的要求如下：

①发包人应在双方签订合同协议书后的14天内，将本合同工程的施工场地范围图提交给承包人，发包人提供的施工场地范围图应标明场地范围内永久占地与临时占地的范围和界限，以及指明提供给承包人用于施工场地布置的范围和界限及其有关资料。

②发包人提供的施工用地范围在专用合同条款中约定。

③除专用合同条款另有约定外，发包人应按技术标准和要求（合同技术条款）的约定，向承包人提供施工场地内的工程地质图纸和报告，以及地下障碍物图纸等施工场地有关资料，并保证资料的真实、准确、完整。

第四，发包人应协助承包人办理法律规定的有关施工证件和批件。

第五，发包人应根据合同进度计划，组织设计单位向承包人进行设计交底。

第六，发包人应按合同约定向承包人及时支付合同价款，包括按合同约定支付工程预付款和进度付款，工程通过完工验收后支付完工付款，保修期期满后及时支付最终结清款。

第七，发包人应按合同约定及时组织法人验收，发包人在验收方面的义务即承担法人验收职责：法人验收包括分部工程验收、单位工程验收、中间机组启动验收和合同工程完工验收。水利水电工程竣工验收是政府验收范畴，由政府负责。验收的具体要求根据《水利水电建设工程验收规程 XSL 223-2008》在合同验收条款中约定。

3. 发包人提供材料和工程设备时应注意的事项

(1) 供货计划

第一，发包人提供的材料和工程设备，应在专用合同条款中写明材料和工程设备的名称、规格、数量、价格、交货方式、交货地点和计划交货日期等。

第二，承包人应根据合同进度计划的安排，向监理人报送要求发包人交货的日期计划。发包人应按照监理人与合同双方当事人商定的交货日期，向承包人提交材料和工程设备。

（2）验收

第一，发包人应在材料和工程设备到货 7 天前通知承包人，承包人应会同监理人在约定的时间内，赴交货地点共同进行验收。

第二，发包人提供的材料和工程设备运至交货地点验收后，由承包人负责接收、卸货、运输和保管。

第三，发包人要求向承包人提前交货的，承包人不得拒绝，但发包人应承担承包人由此增加的费用。

第四，承包人要求更改交货日期或地点的，应事先报请监理人批准，所增加的费用和（或）工期延误由承包人承担。

第五，发包人提供的材料和工程设备的规格、数量或质量不符合合同要求，或由于发包人原因发生交货日期延误及交货地点变更等情况的，发包人应承担由此增加的费用和（或）工期延误，并向承包人支付合理利润。

4. 发包人提供材料时的费用处理

发包人提供材料时，材料供应商一般由招标选定。材料费的处理有以下 2 种情形。

（1）材料费包含在承包人签约合同价中

根据合同约定的计量规则计量（通常以监理人批准的领料计划作为领料和扣除的依据），按约定的材料预算价格（通常比该材料供应商中标价低）作为扣除价，由发包人在工程进度支付款中扣除发包人供应材料费。

（2）材料费不包括在承包人签约合同价中

合同规定材料预算价格及其损耗率的计入和扣回方式，承包人只获得该材料预算价格带来的管理费率滚动产生的费用，材料费由发包人直接向材料供应商支付。

（二）发包人在履行义务和责任时应注意的事项

1. 监理人的职责和权力

（1）监理人角色

监理人是受发包人委托在施工现场实施合同管理的执行者。监理人按发包人与承包人签订的施工合同进行监理，监理人不是合同的第三方，他无权修改合同，无权免除或变更合同约定的发包人与承包人的责任、权利和义务。监理人的任务是忠实地执行合同双方签订的合同，监理人的指示被认为已取得发包人授权。

（2）监理人权力来源

监理人的权力范围在专用合同条款中明确。发包人宜将工程的进度控制、质量监督、安全管理和日常的合同支付签证尽量授权给监理人，使其充分行使职权。有关工程分包、工期调整和重大变更（可规定合同价格限额）等重大问题，监理人应在做出指示前得到发包人的批准。

（3）紧急事件的处置权

当监理人认为出现了危及生命、工程或毗邻财产等安全的紧急事件时，在不免除合同约定的承包人责任的情况下，监理人可以指示承包人实施为消除或减少这种危险所必须进行的工作，即使没有发包人的事先批准，承包人也应立即遵照执行；监理人应按变更的约定增加相应的费用，并通知承包人。

（4）监理人履行权力的限制

监理人发出的任何指示应视为已得到发包人的批准，但监理人无权免除或变更合同约定的发包人和承包人的权利、义务和责任。

（5）监理人的检查和检验

合同约定应由承包人承担的义务和责任，不因监理人对承包人提交文件的审查或批准，对工程、材料和设备的检查和检验，以及为实施监理做出的指示等职务行为而减轻或解除。

2. 监理人的指示

第一，监理人的指示应盖有监理人授权的施工场地机构章，并由总监理工程师或总监理工程师授权的监理人员签字。

第二，承包人收到监理人指示后应遵照执行。指示构成变更的，应按变更条款处理。

第三，在紧急情况下，总监理工程师或被授权的监理人员可以当场签发临时书面指示，承包人应遵照执行。承包人应在收到上述临时书面指示后 24 小时内，向监理人发出书面确认函。监理人在收到书面确认函后 24 小时内未予答复的，该书面确认函应被视为监理人的正式指示。

第四，除合同另有约定外，承包人只从总监理工程师或其授权的监理人员处取得指示。

第五，由于监理人未能按合同约定发出指示、指示延误或指示错误而导致承包人费用增加和（或）工期延误的，由发包人承担赔偿责任。

3. 监理人的商定或确定权

监理人与合同双方经常通过协商处理好各项合同事宜，及时解决合同纠纷是提高合同管理效能的良好方法。监理人履行商定或确定权的要求如下：

第一，合同约定总监理工程师对如变更、价格调整、不可抗力、索赔等事项进行商定或确定时，总监理工程师应与合同当事人协商，尽量达成一致。不能达成一致的，总监理工程师应认真研究后审慎确定。

第二，总监理工程师应将商定或确定的事项通知合同当事人，并附详细依据。

第三，监理人的商定和确定不是强制的，也不是最终的决定对总监理工程师的确定有异议的，构成争议，按照合同争议的约定处理在争议解决前，双方应暂按总监理工程师的确定执行，按照合同争议的约定对总监理工程师的确定做出修改的，按修改后的结果执行。

4. 合同争议的处理

第一，友好协商解决。合同争议的调解，包括社会调解、行政调解、仲裁调解和司法调解无论采用哪种调解方式，都应遵守自愿和合法 2 项原则。

第二，提请争议评审组评审。发包人和承包人在签订协议书后，应共同协商成立争议调解组，并由双方与争议调解组签订协议。争议调解组由 3（或 5）名有合同管理和工程实践经验的专家组成，专家的聘请方法可由发包人和承包人共同协商确定，一般其中 2（或 4）名组员可由合同双方各提 1（或 2）名，并征得另一方同意，组长可由 2（或 4）名组员协商推荐并征得合同双方同意。也可请政府主管部门推荐或通过行业合同争议调解机构聘请，并经双方认同。争议调解组成员应与合同双方均无利害关系。争议调解组的各项费用由发包人和承包人平均分担。

第三，仲裁。争议双方不愿通过和解或调解，或者经过和解或调解不能解决争议时，可以选择由仲裁机构进行仲裁或由法院进行诉讼审判方式。

第四，诉讼。合同争议案件诉讼活动必须有明确的原告和被告，经济组织与非经济组织参与争议案件的诉讼活动人应是法定代表人。

二、承包人的义务和责任界定

《水利水电工程标准施工招标文件》将发包人与承包人的义务和责任进行了合理划分。合同约定的发包人义务和责任反映了合同管理的主要方面。除合同约定外，承包人还须根据有关规定承担法定的义务和责任。

（一）承包人的义务和责任

第一，遵守法律。

第二，依法纳税。

第三，完成各项承包工作。

第四，对施工作业和施工方法的完备性负责。

第五，保证工程施工和人员的安全。

第六，负责施工场地及其周边环境与生态的保护工作。

第七，避免施工对公众与他人的利益造成损害。

第八，为他人提供方便。

第九，对工程进行维护和照管。

第十，履行专用合同条款约定的其他义务和责任。

（二）承包人在履行义务和责任时应注意的事项

第一，承包人在履行合同过程中应遵守法律，并保证发包人免予承担因承包人违反法律而引起的任何责任。

第二，承包人应按有关法律规定纳税，应缴纳的税金包括在合同价格内。承包人应纳税包括营业税、城建税、教育费附加、企业所得税等。

第三，承包人应按合同约定以及监理人指示，实施、完成全部工程，并修补工程中的任何缺陷。除合同条款另有约定外，承包人应提供为完成合同工作所需的劳务、材料、施工设备、工程设备和其他物品，并按合同约定负责临时设施的设计、建造、运行、维护、管理和拆除。

第四，承包人应按合同约定的工作内容和施工进度要求，编制施工组织设计和施工措施计划，并对所有施工作业和施工方法的完备性及安全可靠性负责。

第五，承包人应采取施工安全措施，确保工程及其人员、材料、设备和设施的安全，防止因工程施工造成的人身伤害和财产损失。承包人必须按国家法律法规、技术标准和要求，通过详细编制并实施经批准的施工组织设计和措施计划，确保建设工程能满足合同约定的质量标准和国家安全法规的要求。承包人安全生产方面的职责和义务参见《水利工程建设项目安全生产管理规定》。

第六，承包人在进行合同约定的各项工作时，不得侵害发包人与他人使用公用道路、水源、市政管网等公共设施的权利，避免对邻近的公共设施产生干扰。承包人占用或使用他人的施工场地，影响他人作业或生活的，应承担相应责任。

第七，承包人应按监理人的指示为他人在施工场地或附近实施与工程有关的其他各项工作提供可能的条件。除合同另有约定外，提供有关条件的内容和可能发生的费用，由监理人商定或确定。

第八，除合同另有约定外，合同工程完工证书颁发前，承包人应负责照管和维护工程。合同工程完工证书颁发时尚有部分未完工程的，承包人还应负责该未完工程的照管和维护工作，直至完工后移交给发包人为止。

（三）履约担保的期限

承包人应按招标文件的要求，在中标前提交履约担保，履约担保在发包人颁发合同工程完工证书前一直有效。发包人应在合同工程完工证书颁发后 28 天内将履约担保退还给承包人。

（四）承包人项目经理

1. 项目经理驻现场的要求

第一，承包人应按合同约定指派项目经理，并在约定的期限内到职。

第二，承包人更换项目经理应事先征得发包人同意，并应在更换 14 天前通知发包人和监理人。

第三，承包人项目经理短期离开施工场地，应事先征得监理人同意，并委派代表代行其职责。

第四，监理人要求撤换不能胜任本职工作、行为不端或玩忽职守的承包人项目经理和其他人员的，承包人应予以撤换。

2. 项目经理职责

第一，项目经理应按合同约定以及监理人指示，负责组织合同工程的实施。

第二，在情况紧急且无法与监理人取得联系时，可采取保证工程和人员生命财产安全的紧急措施，并在采取措施后 24 小时内向监理人提交书面报告。

第三，承包人为履行合同发出的一切函件均应盖有承包人授权的施工场地管理机构章，并由承包人项目经理或其授权代表签字。

第四，承包人项目经理可以授权其下属人员履行其某项职责，但事先应将这些人员的姓名和授权范围通知监理人。

（五）现场地质资料

1. 发包人提供的现场资料

第一，发包人应将其持有的现场地质勘探资料、水文气象资料提供给承包人，并对其准确性负责。

第二，承包人应对其阅读发包人提供的有关资料后所做出的解释和推断负责。

第三，承包人应对施工场地和周围环境进行查勘，并收集有关地质资料、水文气象资料、交通条件、风俗习惯以及其他为完成合同工作有关的当地资料。

第四，在全部合同工作中，应视为承包人已充分估计了应承担的责任和风险。

2. 不利物质条件

（1）不利物质条件的界定原则

水利水电工程的不利物质条件，是指在施工过程中遭遇诸如地下工程开挖中遇到发包人进行的地质勘探工作未能查明的地下溶洞或溶蚀裂隙和坝基河床深层的淤泥层或软弱带等，使施工受阻。

（2）不利物质条件的处理方法

承包人遇到不利物质条件时，应采取适应不利物质条件的合理措施继续施工，并及时通知监理人，承包人有权要求延长工期及增加费用。监理人收到此类要求后，应在分析上述外界障碍或自然条件是否不可预见及不可预见程度的基础上，按照变更的约定办理。

（六）承包人提供的材料和工程设备应注意的事项

1. 材料和工程设备的提供

水利水电工程所需材料且由承包人负责采购；主要工程设备（如闸门、启闭机、水泵、水轮机、电动机）可由发包人另行组织招标采购。而对于电气设备、清污机、起重机、电梯等设备可根据招标项目具体情况在专用合同条款中进一步约定。

承包人负责采购、运输和保管完成合同工作所需的材料和工程设备的，承包人应对其采购的材料和工程设备负责。

2. 承包人采购要求

承包人应按专用合同条款的约定，将各项材料和工程设备的供货人及品种、规格、数量和供货时间等报送监理人审批。承包人应向监理人提交其负责提供的材料和工程设备的质量证明文件，并满足合同约定的质量标准。

3. 验收

对承包人提供的材料和工程设备，承包人应会同监理人进行检验和交货验收，查验材料合格证明和产品合格证书，并按合同约定和监理人指示，进行材料的抽样检验和工程设备的检验测试。检验和测试结果应提交监理人，所需费用由承包人承担。

（七）材料和工程设备专用于合同工程

第一，运入施工场地的材料、工程设备，包括备品备件、安装专用工器具与随机资料，必须专用于合同工程，未经监理人同意，承包人不得运出施工场地或挪作他用。

第二，随同工程设备运入施工场地的备品备件、专用工器具与随机资料，应由承包人会同监理人按供货人的装箱单清点后共同封存，未经监理人同意不得启用。承包人因合同工作需要使用上述物品时，应向监理人提出申请。

（八）禁止使用不合格的材料和工程设备

第一，监理人有权拒绝承包人提供的不合格材料或工程设备，并要求承包人立即进行更换。监理人应在更换后再次进行检查和检验，由此增加的费用和（或）工期延误由承包人承担。

第二，监理人发现承包人使用了不合格的材料和工程设备，应即时发出指示要求承包人立即改正，并禁止在工程中继续使用不合格的材料和工程设备。

（九）施工交通

1. 道路通行权和场外设施

除专用合同条款另有约定外，承包人应根据合同工程的施工需要，负责办理取得出入施工场地的专用和临时道路的通行权，以及取得为工程建设所需修建场外设施的权利，并承担相关费用。发包人应协助承包人办理上述手续。

2. 场内施工道路

第一，除合同约定由发包人提供的部分道路和交通设施外，承包人应负责修建、维修、养护和管理其施工所需的全部临时道路和交通设施（包括合同约定由发包人提供的部分道路和交通设施的维修、养护和管理），并承担相应费用。

第二，承包人修建的临时道路和交通设施，应免费提供发包人、监理人以及与合同有关的其他承包人使用。

3. 场外交通

第一，承包人车辆外出行驶所需的场外公共道路的通行费、养路费和税款等由承包人承担。

第二，承包人应遵守有关交通法规，严格按照道路和桥梁的限制荷重安全行驶，并服从交通管理部门的检查和监督。

4. 超大件和超重件的运输

由承包人负责运输的超大件或超重件，应由承包人负责向交通管理部门办理申请手续，发包人给予协助。运输超大件或超重件所需的道路和桥梁临时加固改造费用和其他有关费用，由承包人承担，但专用合同条款另有约定除外。

5. 道路和桥梁的损坏责任

因承包人运输造成施工场地内外公共道路和桥梁损坏的，由承包人承担修复损坏的全部费用和可能引起的赔偿。

（十）测量放线

1. 施工控制网

第一，除专用合同条款另有约定外，施工控制网由承包人负责测设，发包人应在本合同协议书签订后的 14 天内，向承包人提供测量基准点、基准线和水准点及其相关资料。承包人应在收到上述资料后的 28 天内，将施测的施工控制网资料提交监理人审批。监理人应在收到报批件后的 14 天内批复承包人。

第二，承包人应负责管理施工控制网点，施工控制网点丢失或损坏的，承包人应及时修复。承包人应承担施工控制网点的管理与修复费用，并在工程竣工后将施工控制网点移交发包人。

第三，监理人需要使用施工控制网的，承包人应提供必要的协助，发包人不再为此支付费用。

2. 施工测量

第一，承包人应负责施工过程中的全部施工测量放线工作，并配置合格的人员、仪器、设备和其他物品。

第二，监理人可以指示承包人进行抽样复测，当复测中发现错误或出现超过合同约定的误差时，承包人应按监理人指示进行修正或补测，并承担相应的复测费用。

3. 基准资料错误的责任

第一，发包人应对其提供的测量基准点、基准线和水准点及其书面资料的真实性、准确性和完整性负责。

第二，发包人提供上述基准资料错误导致承包人测量放线工作的返工或造成工程损失的，发包人应当承担由此增加的费用和（或）工期延误，并向承包人支付合理利润。

第三，承包人发现发包人提供的上述基准资料存在明显错误或疏忽的，应及时通知监理人。

4. 补充地质勘探

在合同实施期间，监理人可以指示承包人进行必要的补充地质勘探并提供有关资料。承包人为合同永久工程施工的需要进行补充地质勘探时，须经监理人批准，并应向监理人提交有关资料，上述补充勘探的费用由发包人承担。承包人为其临时工程设计及施工的需要进行的补充地质勘探，其费用由承包人承担。

第六章 水利水电施工项目准备与成本管理

第一节 施工项目准备工作

一、施工项目部建设

（一）施工项目管理的组织

水利工程项目的实施除项目法人外，还有设计单位、施工单位、供货单位和工程管理咨询单位以及有关的政府质量与安全监督部门等，项目组织应注意表达项目法人以及项目的参与单位有关的各工作部门之间的组织关系。

（二）施工项目负责人

1. 对施工项目负责人的要求

施工项目负责人，是指参加全国一级或二级建造师水利水电工程专业考试通过，经注册取得相应执业资格，同时经安全考核合格，具有有效安全考核合格证（B 证），并具有一定数量类似工程经历，受施工企业法定代表人委托对工程项目施工过程全面负责的项目管理者，是施工企业法定代表人在工程项目上的代表人。

根据水利部关于招投标和住建部水利水电工程建造师执业范围划分的有关要求，项目负责人应当由本单位的水利水电工程专业注册建造师担任，其注册建造师的级别应根据工程的规模、复杂性和其他相关因素来确定。除执业资格要求外，项目负责人还必须有一定数量类似工程业绩，且具备有效的安全生产考核合格证书。资格审查文件应提交项目负责人属于本单位人员的相关证明材料，关于安全生产许可证的有效性，要求投标单位确保其所持安全生产许可证仍在有效期内，没有被吊销安全生产许可证等情况。属于本单位人员必须同时满足以下条件：

第一，聘任合同必须由投标人单位与之签订。

第二，与投标人单位有合法的工资关系。

第三，投标人单位为其办理社会保险关系，或具有其他有效证明其为本单位人员身份的文件。

水库和防洪工程按工程等别划分；堤防工程、灌溉渠道或排水沟和灌排建筑物等 3 类工程不分等别，因此，其执业工程规模标准根据其级别来确定；农村饮水、河湖整治、水土保持、环境保护及其他等 5 类工程的规模标准以投资额划分。

2. 施工项目负责人的职责

施工项目负责人在承担水利工程项目施工的管理过程中，应当按照施工企业与建设单位签订的工程承包合同，与本企业法定代表人签订项目承包合同，并在企业法定代表人授权范围内，行使组织项目管理班子；以企业法定代表人的代表身份处理与所承担的工程项目有关的外部关系，受托签署有关合同；指挥工程项目建设的生产经营活动，调配并管理进入工程项目的人力、资金、物资、施工设备等生产要素；选择施工作业队伍；进行合理的经济分配以及企业法定代表人授予的其他管理权力。

第一，加强工程管理，确保工程按质按期完成，并最大限度地降低工程成本，节约投资。

第二，项目负责人在施工企业工程部经理的领导下，主要负责对工程施工现场的施工组织管理。通过施工过程中对项目部、施工队伍的现场组织管理及与甲方、监理、总包各方的协调，从而实现工程总目标。

第三，认真贯彻执行公司的各项管理规章制度，逐级建立健全项目部各项管理规章制度。

第四，项目负责人是建筑施工企业的基层领导者和施工生产指挥者，对工程的全面工作负有直接责任。

第五，项目负责人应对项目工程进行组织管理、计划管理、施工及技术管理、质量管理、资源管理、安全文明施工管理、外联协调管理、验收管理。

第六，组织做好工程施工准备工作，对工程现场施工进行全面管理，完成公司下达的施工生产任务及各项主要工程技术经济指标。

第七，组织编制工程施工组织设计，组织并进行施工技术交底。

第八，组织编制工程施工进度计划，做好工程施工进度实施安排，确保工程施工进度按合同要求完成。

第九，抓好工程施工质量及材料质量的管理，保证工程施工质量，争创优质工程，树立公司形象，对用户负责。

第十，对施工安全生产负责，重视安全施工，抓好安全施工教育、加强现场管理，保证现场施工安全。

第十一，组织落实施工组织设计中安全技术措施，组织并监督工程施工中安全技术交底和设备设施验收制度的实施。

第十二，对施工现场定期进行安全生产检查，发现施工生产中不安全问题，组织制定措施并及时解决。对上级提出的安全生产与管理方面的问题，要定时、定人、定措施予以解决。

第十三，发生质量、安全事故，要做好现场保护与抢救工作并及时上报，组织配合事故的调查，认真落实制定的防范措施，吸取事故教训。

第十四，重视文明施工、环境保护及职业健康工作开展，积极创建文明施工、环境保护及职业健康，创建文明工地。

第十五，勤俭办事，反对浪费，厉行节约，加强对原材料机具、劳动力的管理，努力降低工程成本。

第十六，建立健全和完善用工管理手续，外包队使用必须及时向有关部门申报。严格用工制度与管理，适时组织上岗安全教育，对外包队的健康与安全负责，加强劳动保护工作。

第十七，组织处理工程变更洽商，组织处理工程事故及问题纠纷协调、组织工程自检，配合甲方阶段性检查验收及工程验收，组织做好工程撤场善后处理。

第十八，组织做好工程资料台账的收集、整理、建档、交验规范化管理。

第十九，树立“公司利益第一”的宗旨，维护公司的形象与声誉，洁身自律，杜绝一切违法行为的发生。

第二十，协助配合公司其他部门进行相关业务工作。

第二十一，完成施工企业交办的其他工作。

（三）施工项目部建立

1. 建立施工项目领导机构

根据工程规模、结构特点和复杂程度，确定施工项目领导机构的人选和名额；遵循合理分工与密切协作、因事设职与因职选人的原则，建立有施工经验、有开拓精神和工作效率高的施工项目领导机构。除项目负责人和技术负责人外，还应配备一定数量的施工员、质检员、材料员、资料员、安全员、造价员等职业岗位人员。各岗位人员应各负其责，负责施工技术管理工作。其中，项目负责人、技术负责人、财务负责人、质量管理人员、安全管理人员必须为本单位人员。

2. 建立精干的施工队伍

根据施工项目部的组织方式，确定合理的劳动组织，建立相应的专业或混合工作队或班组，并建立岗位责任制和考核办法。运输机械作业人员、安装拆卸人员、爆破作业人员、起重信号工、登高架设作业人员等特种作业人员，必须按照国家有关规定，经过专门的安全作业培训，并取得特种作业操作资格证书后，方可上岗作业。

按照开工日期和劳动力需要量计划，组织工人进场，安排好职工生活，并进行项目部和班组二级安全教育，以及防火和文明施工等教育。

3. 做好技术交底工作

为落实施工计划和技术责任制，应按管理系统逐级进行交底。交底内容通常包括：工程施工进度计划和月、旬作业计划；各项安全技术措施、降低成本措施和质量保证措施；质量标准和验收规范要求；设计变更和技术核定事项等。以上内容都应详细交底，必要时进行现场示范。

4. 建立健全各项规章制度

建立健全各项规章制度，规章制度主要包括：项目管理人员岗位责任制度，项目技术管理制度，项目质量管理制度，项目安全管理制度，项目计划、统计与进度管理制度，项目成本核算制度，项目材料和机械设备管理制度，项目现场管理制度，项目分配与奖励制度，项目例会及施工日志制度，项目分包及劳务管理制度，项目组织协调制度，以及项目信息管理制度。

二、施工项目技术准备

（一）编制施工技术方案和计划

项目负责人和技术负责人应组织技术岗位管理人员编制合同项目的施工技术方案，包括施工组织设计和专项安全措施方案（附验算结果），报监理机构审批。

根据《水利工程建设安全生产管理规定》的规定，施工单位应当在施工组织设计中编制安全技术措施和施工现场临时用电方案。对达到一定规模的危险性较大的工程应当编制专项施工方案，并附具安全验算结果，经施工单位技术负责人签字以及总监理工程师核签后实施。

同时，根据施工技术方案编制施工进度计划；再根据施工进度计划和签订的施工合同要求，编制施工用图计划、施工资金流量计划、施工材料、设备供应计划等。如果施工单位要分包非主体结构项目，还应报审分包人资质、经验、能力、信誉、财务、主要人员经历等资料。

（二）工程预付款申报

预付款用于承包人为合同工程施工购置材料、工程设备、施工设备、修建临时设施以及组织施工队伍进场等，分为工程预付款和工程材料预付款。预付款必须专用于合同工程。根据《水利水电工程标准施工招标文件》的合同条件规定：

1. 工程预付款的额度和预付办法

一般工程预付款为签约合同价的 10%，分 2 次支付，招标项目包含大宗设备采购的可适当提高，但不宜超过 20%。

2. 工程预付款担保

第一，承包人在第一次收到工程预付款的同时须提交等额的工程预付款保函（担保）。

第二，第二次工程预付款保函可用承包人进入工地的主要设备（其估算价值已达到第二次预付款金额）代替。

第三，工程预付款担保的担保金额可根据工程预付款扣回的金额相应递减。

（三）熟悉和审查施工图纸

1. 熟悉、审查设计图纸的内容

第一，审查拟建工程的总平面图水工建筑物或构筑物的设计功能与使用要求。

第二，审查设计图纸是否完整、齐全，以及设计图纸和资料是否符合国家有关工程建设的设计、施工方面的方针与政策。

第三，审查设计图纸与说明书在内容上是否一致，以及设计图纸与其各组成部分之间有无矛盾和错误。

第四，审查建筑总平面图与其他结构图在几何尺寸、坐标、标高、说明等方面是否一致，技术要求是否正确。

第五，审查工业项目的生产工艺流程和技术要求，掌握配套投产的先后次序和相互关系，以及设备安装图纸与其相配合的土建施工图纸在坐标、标高上是否一致，掌握土建施工质量是否满足设备安装的要求。

第六，审查地基处理与基础设计同拟建工程地点的工程水文、地质等条件是否一致，以及建筑物或构筑物与地下建筑物或构筑物、管线之间的关系。

第七，明确拟建工程的结构形式和特点，复核主要承重结构的强度、刚度和稳定性是否满足要求。审查设计图纸中的工程复杂、施工难度大和技术要求高的分部分项工程或新结构、新材料、新工艺，检查现有施工技术水平和管理水平能否满足工期与质量要求，并采取可行的技术措施加以保证。

第八，明确建设期限、分期分批投产或交付使用的顺序和时间，以及工程所需主要材料、设备的数量、规格、来源和供货日期。

第九，明确建设、设计和施工等单位之间的协作、配合关系，以及建设单位可以提供的施工条件。

2. 熟悉、审查设计图纸的程序

熟悉、审查设计图纸的程序通常分为自审阶段、会审阶段和现场签证阶段等 3 个阶段。

（1）设计图纸的自审阶段

图纸自审由施工单位主持，主要是对设计图纸的疑问和对设计图纸的有关建议等，并写出图纸自审记录。

（2）设计图纸的会审阶段

一般由建设单位主持，由设计单位、施工单位和监理单位参加，四方共同进行设计图纸的会审。图纸会审时，首先由设计单位的工程设计人向与会者说明拟建工程的设计依据、意图、功能及对特殊结构、新材料、新工艺、新技术的应用和要求；其次施工单位根据自审记录以及对设计意图的理解，提出对设计图纸的疑问和建议；最后在统一认识的基础上，对所探讨的问题逐一地做好记录，形成“图纸会审纪要”，由建设单位正式行文，参加单位共同会签、盖章，作为与设计文件同时使用的技术文件和指导施工的依据，以及建设单位与施工单位进行工程结算的依据。

（3）设计图纸的现场签证阶段

在拟建工程施工的过程中，如果发现施工的条件与设计图纸的条件不符，或者发现图纸中仍然有错误，或者因为材料的规格、质量不能满足设计要求，或者因为施工单位提出了合理化建议，须对设计图纸进行及时修订时，应遵循技术核定和设计变更的签证制度，进行图纸的施工现场签证。如果设计变更的内容对拟建工程的规模、投资影响较大，要报请项目的原批准单位批准。在施工现场的图纸修改、技术核定和设计变更资料，都要有正式的文字记录，归入拟建工程施工档案，作为指导施工、工程结算和竣工验收的依据。

（四）原始资料调查分析

1. 自然条件调查分析

自然条件调查分析包括施工场地所在地区的气象、地形、地质和水文、施工现场地上和地下障碍物状况、周围民宅的坚固程度及其居民的健康状况等各项调查。自然条件调查分析为编制施工现场的“四通一平”计划提供依据。

2. 技术经济条件调查分析

技术经济条件调查主要包括：地方建筑生产企业情况，地方资源情况，交通运输条件，水、电和其他动力条件，主要设备、材料和特殊物资供应情况，参加施工的各单位（含分包）生产能力情况调查等。

（五）编制施工预算

施工预算是根据中标后的合同价、施工图纸、施工组织设计或施工方案、施工定额等文件进行编制的，它直接受中标后合同价的控制。它是施工企业内部控制各项成本支出、考核用工、“两价”对比、签发施工任务单、限额领料、基层进行经济核算的依据。

三、施工现场准备

（一）施工现场控制网测量

根据给定永久性坐标和高程，按照建筑总平面图要求，进行施工现场控制网测量，设置场区永久性控制测量标桩。

（二）做好“四通一平”

确保施工现场“四通一平”，并尽可能使永久性设施与临时性设施结合起来。拆除场地上妨碍施工的建筑物或构筑物，并根据建筑总平面图规定的标高和土方竖向设计图纸，进行平整场地的工作。

（三）建设施工临时设施

按照施工平面布置图和工程进度安排，进行设施建设。

（四）组织施工机具进场

根据施工机具需要量计划，按施工平面图要求，组织施工机械、设备和工具进场，按规定地点和方式存放，并应进行相应的保养和试运转等项工作。土石方施工以挖运填筑机械为主，混凝土施工以拌和设备和水平运输及垂直运输机械为主。

（五）组织建筑材料进场

根据建筑材料、构（配）件和制品需要量计划，组织其进场，根据施工场地布置地点和方式储存或堆放。

（六）拟订有关试验、试制项目计划

建筑材料进场后，应进行各项材料的试验、检验。对于新技术项目，应拟订相应试验和试制计划，并均应在开工前实施。

（七）做好季节性施工准备

按照施工组织设计要求，认真落实冬、雨季和高温季节施工项目的施工设施和技术组织措施。

（八）设置消防、保安设施

按照施工组织设计的要求，根据施工总平面图的布置，建立消防、保安等组织机构和有关的规章制度，布置安排好消防、保安等措施。

第二节　施工项目成本管理

一、施工成本管理基础知识

（一）施工成本的概念和构成

1. 施工成本的概念

根据成本价格理论，商品价值=物化劳动价值+活劳动价值+剩余价值，其中，产品成本是前两部分之和，是指为进行某项生产经营活动而所发生的全部费用，也就是所消耗的

全部资源包括人力资源的消耗，这些资源用货币来反映就是成本。对于施工企业来说，它在工程生产过程中所耗费的是生产资料价值和相当于工资部分的必要劳动创造的价值，它的成本也由前两部分组成，也是以货币形式计算的。因而，施工成本是施工企业以施工项目为对象，在建设工程项目的施工过程中所发生的全部生产费用的总和。包括所消耗的原材料、辅助材料、构配件等费用，周转材料的摊销费或租赁费等，施工机械的使用费或租赁费等，支付给生产工人的工资、奖金、工资性质的津贴等，以及进行现场施工组织与管理所支出的全部费用。不包括利润和税金等非生产性支出。

2. 施工成本的构成

按施工过程中所发生的费用支出，水利工程施工成本包括直接成本和间接成本。施工成本指的是跟施工生产直接相关费用的归集，其实就是施工现场成本，故企业管理费中只现场管理的费用计入施工成本，而施工企业的经营费用、企业管理费和财务费用不计入施工成本。

（1）直接成本

直接成本，是指施工过程中直接耗费的构成工程实体或有助于工程实体形成的各项费用支出，是可以直接计入工程对象的费用，由基本直接费和其他直接费组成。

第一，基本直接费。基本直接费包括人工费、材料费、施工机械使用费。

①人工费。是指直接从事建筑安装工程施工的生产工人开支的各项费用，包括基本工资和辅助工资。

②材料费。指用于建筑安装工程项目上的消耗性材料、装置性材料和周转性材料摊销或租赁费。

③施工机械使用费。指在建设工程项目的施工过程中，施工企业使用自有施工机械所发生的机械磨损、维修、动力燃料费用等和租用施工机械的租赁费。

第二，其他直接费。其他直接费是指直接费以外的在施工过程中直接发生的其他费用。包括冬雨季施工增加费、夜间施工增加费、特殊地区施工增加费、临时设施费、安全生产措施费和其他。

①冬雨季施工增加费。指在冬雨季施工期间为保证工程质量所须增加的费用。

②夜间施工增加费。指施工场地和公用施工道路的照明费用。照明线路工程费用包括在“临时设施费”中；施工附属企业系统、加工厂、车间的照明费用，列入相应的产品中，均不包括在本项费用之内。

③特殊地区施工增加费。指在高海拔、原始森林、沙漠等特殊地区施工而增加的费用。

④临时设施费。指施工企业为进行建筑安装工程施工所必需的，但又未被划入施工临时工程的临时建筑物、构筑物和各种临时设施的建设、维修、拆除、摊销等费用。如供风、供水（支线）、供电（场内）、照明、供热系统及通信支线，土石料场，简易砂石料加工系统，小型混凝土拌和浇筑系统，木工、钢筋、机修等辅助加工厂，混凝土预制构件，场内施工排水、场地平整、道路养护及其他小型临时设施等。

⑤安全生产措施费。是指为保证施工现场安全作业环境及安全施工、文明施工，在工程设计已考虑的安全支护措施之外发生的安全生产、文明施工相关费用。

⑥其他。包括施工工具用具使用费、检验试验费、工程定位复测及施工控制网测设费、工程点交费、竣工场地清理费、工程项目及设备仪表移交生产前的维护费、工程验收检测费等。

（2）间接成本

间接成本，是指施工企业各项目经理部为建筑安装工程施工进行组织与管理所发生的各项费用。

第一，现场管理人员工资。指现场管理人员的基本工资和辅助工资。

第二，差旅交通费。指现场管理人员发生的因公出差、工作调动的差旅费，误餐补助费，职工探亲路费，劳动力招募费，职工离退休、退职一次性路费，工伤人员就医路费，工地转移费，交通工具运行费及牌照费等。

第三，办公费。指现场管理办公用文具、印刷、邮电、书报、会议、水电、燃煤（气）等费用。

第四，固定资产使用费。指现场管理用属于固定资产的房屋、设备、仪器等的折旧、大修理、维修费或租赁费等。

第五，工具用具使用费。指现场管理使用不属于固定资产的工具、用具、家具、交通工具和检验、试验、测绘、消防用具等的购置、维修和摊销费。

第六，职工福利费。指按照国家规定支出的现场管理人员职工福利费，以及由企业支付离退休职工的易地安家补助费、职工退职金、六个月以上的病假人员工资、按规定支付给离退干部的各项经费。职工发生工伤时企业依法在工伤保险基金之外支付的费用，其他在社会保险基金之外依法由企业支付给职工的费用。

第七，劳动保护费。指按照国家有关部门规定标准发放的现场管理人员一般劳动防护用品的购置费及修理费、保健费、防暑降温费、高空作业及进洞津贴、技术安全措施费用，以及洗澡用水、饮用水的燃料费等。

第八，工会经费。指企业按照现场管理人员工资总额计提的工会经费。

第九，职工教育经费。指企业为现场管理人员学习先进技术和提高文化水平按职工工资总额计提的费用。

第十，保险费。指现场管理财产保险、管理用车辆等保险费用，高空、井下、洞内、水下、水上作业等特殊工种安全保险费，危险作业意外伤害保险费等。

第十一，税金。指应由施工项目承担的按规定交纳的房产税、管理用车辆使用税、印花税等。

第十二，其他。

3. 施工成本的分类

根据建筑产品的特点和施工成本管理的要求，施工成本可进行以下划分：

(1) 预算成本、计划成本和实际成本

按成本水平和作用不同分，施工成本可分为预算成本、计划成本和实际成本。

预算成本，是按建筑安装工程实物量和国家（或地区、企业）制定的预算定额及取费标准计算的社会平均成本或企业平均成本，是在施工图预算的基础上分析、预测和计算而确定的。预算成本是施工企业投标报价中的成本。预算成本是控制成本支出、衡量和考核项目实际成本节约或超支的重要尺度。

计划成本，是在预算成本的基础上，依据企业自身的要求，结合施工项目的特征和具体情况，考虑降耗节约措施确定的成本，又称目标成本。计划成本是控制施工成本支出的标准，也是施工成本管理的目标。

实际成本，是工程项目在施工过程中实际发生的可以列入成本支出的各项费用的总和，是工程项目施工活动中劳动耗费的综合反映。实际成本可以检验计划成本的执行情况。

3 种成本的比较，可以反映出施工成本管理的水平和成效。实际成本与计划成本比较，可以揭示成本的节约和超支情况。实际成本和预算成本比较则反映工程的盈亏。

(2) 固定成本和变动成本

按生产费用和工程量关系来划分，施工成本可分为固定成本和变动成本。

固定成本，是指在一定期间和一定的工程量范围内，其发生的成本额不受工程量增减的影响而相对固定的成本。如折旧费、大修理费、管理人员工资、办公费等。固定是对总额而言的，分配到每个单位工程量上的费用则是变动的。

变动成本，是指发生总额随着工程量的增减而成正比例变动的成本，如直接用于工程的材料费、实行计件工资制的人工费等。变动，也是对总额而言的，对于每个单位工程量上的费用往往是不变的。

将施工过程中发生的全部费用划分为固定成本和变动成本，对于成本管理和成本决策具有重要作用。由于固定成本是维持生产能力所必需的费用，要降低单位工程量的固定费用，就须从通过提高劳动生产率，增加企业总工程量数额并降低固定成本的绝对值入手，降低变动成本只能从降低单位工程量的消耗定额入手。

施工成本还可按成本计算对象的不同划分为建设项目成本、单项工程成本、单位工程成本、分部工程成本和分项工程成本。

按工程完成的程度不同，施工成本可分为本期施工成本、已完施工成本、未完工程成本和竣工施工成本。

（二）施工成本管理的概念和任务

1. 施工成本管理的概念

施工成本管理指在保证工期和满足工程质量的前提下，对工程施工过程中所发生的费用，通过计划、组织、控制和协调等活动实现预定的成本目标，并进一步寻求最大限度成本节约的一种科学管理活动。它主要是指施工企业以实现盈利为目的，结合本行业的特点，以施工过程中直接耗费为原则，以货币为主要计量单位，通过技术、经济和管理活动，对项目从开工到竣工所发生的各项收、支进行全面系统的管理，达到预定成本目标，实现项目施工成本最优化目的的过程。施工成本管理应从工程投标报价开始，直至竣工结算完成为止，贯穿于工程实施的全过程。成本是产品市场竞争力的经济表现，加强施工成本管理，就是提高施工企业的市场竞争力。

2. 施工成本管理的任务

施工成本管理工作是根据工程项目施工成本管理的要求和特点，通过有效的管理活动，对所发生的各种成本信息，系统地预测、计划、控制、核算和分析等一系列工作，使工程项目施工过程中的各种要素，按照一定的目标运行，使工程项目施工的实际成本能够控制在预定的计划成本范围内。施工成本管理的任务如下：①成本估算预测，制定成本目标；②分解成本目标，编制成本计划；③成本计划实施过程中，进行实际成本控制，收集整理成本数据；④实施成本核算，比较成本节约超支；⑤进行成本分析，找出成本出现偏差的原因；⑥成本考核，并进行评定奖罚。

（1）施工成本预测

施工成本预测是施工成本管理的第一个环节，是根据成本信息和施工项目的具体情况，运用经验判断、统计分析及数学模型的方法等，对未来的成本水平及其可能发展趋势做出科学估计，其实质就是在施工以前对成本进行估算。在满足项目业主和企业自身要求的前提下，通过成本预测可以选择成本低、效益好的最佳成本方案。在施工成本形成过程中，通过成本预测，能够针对薄弱环节，加强成本控制，克服盲目性，提高预见性。具体说来施工成本预测是对施工项目计划工期内影响成本变化的各个因素进行分析，比照近期已完工施工项目或将完工施工项目的成本（单位成本），预测这些因素对工程成本中有关项目（成本项目）的影响程度，从而预测出工程的单位成本或总成本。施工成本预测是施工企业投标的依据，是正确确定成本目标和编制成本计划的前提，是成本管理的重要环节。

（2）施工成本计划

在进行成本管理活动前应编制施工成本计划，按照成本计划来开展成本管理活动。成本计划是目标成本的一种形式，是设立目标成本的依据。施工成本计划是在成本预测的基础上，以货币形式编制工程项目在计划期内的生产费用、成本水平、成本降低率以及为降低成本所采取的主要措施和规划的书面方案。施工成本计划编制应该有具体的数量、质量和效益指标，它是建立施工成本管理责任制、开展成本控制和核算的基础，是项目降低成本的指导性文件。施工成本计划应在工程开工前编制完成，以便将计划成本目标分解落实，为各项成本的执行提供明确的目标、控制手段和管理措施，因此施工成本计划是施工成本预控的重要手段。

（3）施工成本控制

施工成本控制是施工企业全面成本管理的重要环节，指在施工成本形成过程中，对施工中实际发生的各项费用开支，进行有效的指导、监督、调节和限制，及时纠正已经出现或将要出现的不利偏差，尽力保持有利偏差，使各项生产费用控制在计划范围内，保证成本目标的实现。

具体来说，施工成本控制是对施工成本的各影响因素加强管理，采取各种有效措施，将施工中实际发生的各种消耗和支出严格控制在成本计划范围内；对成本报表统计汇总，随时揭示和及时反馈，严格审查各项费用是否符合标准；计算实际成本和计划成本之间的差异，对差异进行分析和查找差异产生的原因，进而采取措施消除偏差及损失浪费现象。施工成本控制应贯穿项目从投标到竣工验收的全过程，应按动态控制原理对实际施工成本的发生过程进行有效控制。施工成本控制可分为事先控制、事中控制和事后控制。

（4）施工成本核算

施工成本管理要正确及时地核算施工过程中发生的各项费用，计算施工项目的实际成本，即进行施工成本核算。施工成本一般以单位工程为成本核算对象。施工成本核算所提供的各种成本信息，是成本预测、成本计划、成本控制、成本分析和成本考核各个环节的依据。施工成本核算包括 2 个基本环节：一是按照规定的成本开支范围对施工费用进行归集和分配，计算出施工费用的实际发生额；二是根据成本核算对象，采用适当的方法，计算出该施工项目的总成本和单位成本。通过施工成本核算可以确定成本节约超支情况，为及时改善成本管理提供依据。

（5）施工成本分析

施工成本分析是指利用施工成本核算的资料，对成本的形成过程和影响成本升降的因素进行专门分析，找出成本节约和超支的原因，为降低成本提供途径（有利偏差的挖掘和不利偏差的纠正）。具体来说，施工成本分析是将成本核算出的实际成本与计划成本、预算成本及类似项目的实际成本进行比较，了解成本的变动情况，分析研究影响成本变动的因素，检查成本计划的合理性，深入揭示成本变动的规律，以便有效进行成本控制。成本分析是一个动态的活动，它贯穿于施工成本管理的全过程。

（6）施工成本考核

施工成本考核是对施工成本形成中的各责任者，按施工成本目标责任制的有关规定，将成本的实际指标与计划、定额、预算进行对比和考核，评定各责任者业绩和成本计划完成情况，并给予相应的奖罚。成本考核一般在施工项目完成后进行，也可以分阶段或按项目施工节点进行，它是确认成本管理效果的有效手段，是成本管理的最后一个环节。及时公正的成本考核可以有效地调动每一位员工在各自岗位上努力完成目标成本的积极性，为降低施工成本和增加企业的积累做出自己的贡献。反之，如果不能正常及时进行成本的考核工作，前面的成本预测、成本控制、成本核算及成本分析都将得不到及时正确的评价，这不仅会挫伤有关人员的积极性，而且会给以后的成本管理带来不可估量的损失。

3. 施工成本管理的措施

为了取得施工成本管理的理想效果，应当从多方面采取措施实施管理。这些措施可归纳为组织措施、技术措施、经济措施和合同措施。

（1）组织措施

组织措施指从施工成本管理的组织方面采取措施。

施工成本管理不仅是专业成本管理人员的工作，企业自上到下各级人员都应负有成本控制责任，即应明确各级人员任务和职能分工、权利和责任。也就是说施工成本控制是全员的活动，如实行项目经理责任制，落实施工成本管理的组织机构和人员，明确各级施工成本管理人员的任务和职能分工、权利和责任。它要求企业从施工成本管理的组织方面采取领导亲自抓、员工全参与，使成本管理深入基层、落实到人。

组织措施的另一方面是编制施工成本控制工作计划，确定合理、详细的工作流程。要做好施工采购规划，通过生产要素的优化配置、合理使用、动态管理，有效控制实际成本；加强施工定额管理和施工任务单管理，控制活劳动和物化劳动的消耗；加强施工调度，避免因施工计划不周和盲目调度造成窝工损失、机械利用率降低、物料积压等而使施工成本增加。

组织措施是其他各类措施的前提和保障，而且一般不需要增加什么费用，运用得当可以收到良好的效果。施工成本管理工作只有建立在科学管理的基础上，具备合理的管理体制、完善的规章制度、稳定的作业秩序、完整准确的信息传递，才能取得成效。

（2）技术措施

施工方案不同，不但会影响项目的工期和质量目标，也会显著影响项目的成本。在施工成本管理中，要十分注重技术和方案对于降低成本的重要作用。因为一方面技术的提高或新技术的采用，必然大幅度提高劳动效率和节省材料，从而节约成本；另一方面是通过优化施工方案来提高工效，缩短工期则节省大笔的机械及周转料具的租赁费及项目的管理费，有利于降低项目成本。

施工过程中降低成本的技术措施包括：进行技术经济分析，确定最佳的施工方案；在满足功能要求的前提下，结合施工方法，进行材料使用的比选，选择代用、改变配合比、使用添加剂等方法来达到降低材料消耗费用的目的；结合项目的施工组织设计及自然地理条件，降低材料的库存成本和运输成本；确定最合适的施工机械、设备使用方案；先进的施工技术的应用、新材料的运用、新开发机械设备的使用等都是有效降低成本的技术途径。

技术措施对解决施工成本管理过程中的技术问题是不可缺少的，对纠正施工成本管理目标偏差也有相当重要的作用。但在实践中要注意从技术角度选定方案时要充分分析论证其经济效果，要避免仅从技术角度选定方案而忽视对其经济效果的分析论证。因此，运用技术措施的关键，一是要能提出多个不同的技术方案，二是要对不同的技术方案进行技术经济分析。

（3）经济措施

经济措施管理是最容易被员工所接受和采用的措施。成本管理人员应编制资金使用计划，确定、分解施工成本管理目标；对施工成本管理目标进行风险分析，从而制定防范性对策；对各种资金使用认真做好支出计划，并在施工中严格控制各项开支；及时准确地记录、收集、整理、核算实际发生的成本；对各种变更，及时做好删减账，及时落实业主签证，及时结算工程款。负责人对于组织制定的成本考核奖惩制度要严格兑现，透明奖惩结果将职工的经济利益与成本控制效果紧密联系，使经济措施的激励效益发挥出来。同时要用计划统计手段对经营成果进行数据分析，通过偏差分析和未完工程预测，发现一些潜在的问题将引起未完工程施工成本增加，对这些问题要主动控制，及时采取预防措施。由此可见，经济措施的运用绝不仅仅是财务人员的事情。

二、施工成本计划

施工成本计划是施工成本管理的一项重要内容，是施工企业经营的重要组成部分。施工成本计划是以货币形式预先编制施工项目在计划期内的生产费用与成本的总水平，以及通过施工成本计划事先确定成本降低率以及为降低成本所采取的主要措施和规划的书面方案。

施工成本计划的编制以成本预测为基础，关键是确定目标成本，并要使得成本目标最终实现。但是施工成本计划的编制又不能照搬投标期间的预测成本，因为施工目标成本必须符合中标以后的实际情况，应随着合同条件、施工组织方案、建筑市场等环境和条件的变化，经分析、比较、判断后做出相应调整。因此，施工项目成本计划的编制不是一个绝对的固定方案，是一个相对动态的过程。

（一）施工成本计划的类型

对于一个施工项目而言，其成本计划是一个不断深化的过程。在这一过程中的不同阶段形成深度和作用不同的成本计划，按其作用可分为 3 类。

1. 竞争性成本计划

竞争性成本计划是工程项目投标及签订合同阶段的估算成本计划。竞争性成本计划的编制是以招标文件中的合同条件、投标者须知、技术规程、设计图纸或工程量清单等为依据，以有关价格条件说明为基础，结合调研和现场考察获得的情况，根据本企业的工料消耗标准、技术和管理水平、价格资料和费用指标，对本企业完成招标工程所要支出的全部费用的估算。在投标报价过程中，虽也着力考虑降低成本的途径和措施，但总体上较为粗略。

2. 指导性成本计划

指导性成本计划是选派项目经理阶段的预算成本计划，是项目经理的责任成本目标，又称概念性计划，是自上而下确定目标的计划。它是以合同标书为依据，按照企业的预算定额标准制订的设计预算成本计划，且一般情况下只是确定责任总成本指标。

3. 实施性成本计划

实施性成本计划是项目施工准备阶段的预算成本计划，是自下而上的结构分解计划。它是以项目实施方案为依据，以落实项目经理责任目标为出发点，采用企业的施工定额通过施工预算的编制而形成的实施性施工成本计划，实施性成本计划要制订比较详细的工作结构分解图，尽可能把每一个阶段的项目目标及实施措施细化到计划中去。施工成本计划主要指的就是实施性成本计划。

以上 3 类计划共同构成施工成本计划，其中竞争性成本计划是项目投标阶段企业带有成本战略目的的计划，它奠定了整个施工成本的基本水平与框架；指导性成本计划是竞争性成本计划的进一步深化，是施工企业在进一步根据项目特点经过认真考察、计算得来的一个目标成本计划；实施性成本计划则是具体的实施方案计划，是可控制的、可操作的具体的现场计划。

（二）施工成本计划的编制依据和原则

1. 施工成本计划的编制依据

成本计划的制订必须根据国家政策、市场信息和企业内部资料，预测市场变化，做出自身计划，广泛搜集资料并进行归纳整理是编制成本计划的必要步骤，搜集的资料即编制成本计划的依据。这些编制依据如下：

第一，国家和有关部门关于编制成本计划的规定。

第二，已签订的工程承包合同、分包合同（或估价书）、结构件外加工计划和合同以及企业下达的成本降低额、降低率和其他有关技术经济指标。

第三，有关人工、材料、机械台班市场价与企业颁布的材料指导价、企业内部机械台班价格、劳动力内部挂牌价格。

第四，施工项目的施工图预算、施工预算。

第五，施工组织设计或施工方案和拟采用的降低施工成本的措施。

第六，施工项目使用的机械设备生产能力及其利用情况。

第七，施工项目的材料消耗、物资供应、劳动工资、周转设备租赁价格及劳动效率、摊销损耗标准等计划资料。

第八，计划期内的物资消耗定额、劳动工时定额、费用定额等资料。

第九，以往同类项目成本计划的实际执行情况及有关技术经济指标完成情况的分析资料。

第十，同行业同类项目的成本、定额、技术经济指标资料及增产节约的经验和有效措施。

第十一，本企业的历史先进水平和当时的先进经验及采取措施的历史资料。

第十二，国外同类项目的先进成本水平情况等资料，以及其他相关资料。

此外，还应深入分析当前情况和未来的发展趋势，了解影响成本升降的各种因素，研究克服不利因素和降低成本的具体措施，为编制成本计划提供丰富具体可靠的资料。

2. 施工成本计划的编制原则

（1）兼容先进性和可操作性原则

成本计划的编制必须从施工企业实际组织措施与技术措施情况出发，使得计划既保持一定的先进性，又能具有可行的激励性。它要比已经达到的实际成本要低，但又是经过努力可以达到的。

（2）弹性原则

由于建筑产品施工的复杂性和长期性，在计划实施时很可能发生一些在编制计划时未预料到的变化。所以，提前编制计划时要考虑到计划实施时的环境变化，对不确定因素要充分关注，保持计划有一定的应变余地，使编制的成本计划可以与现实施工匹配实施，确实起到引导作用。

（3）可比性原则

成本计划应与实际成本、前期成本保持可比性，所采用的计算方法应与核算方法一致，才能进行有效的分析。

（4）与其他计划相协调的原则

成本计划的编制必须充分考虑到工程项目的施工组织计划、材料供应计划、财务计划及进度计划，因为这几种计划都相互影响对方的实施效果。所以，编制成本计划时要考虑达到全局综合平衡发展。

（三）施工成本计划的编制程序和内容

1. 施工成本计划的编制程序

施工项目的成本计划工作，是一项非常重要的工作，不应仅仅把它看作是几张计划表的编制，更重要的是项目成本管理的决策过程。编制成本计划的程序，因项目的规模大小、管理要求不同而不同，大中型项目一般采用分级编制的方式，即先由各部门提出部门成本计划，再由项目经理部汇总编制全项目工程的成本计划；小型项目一般采用集中编制方式，即由项目经理部先编制各部门成本计划，再汇总编制全项目的成本计划。无论采用哪种方式，都应按以下程序进行成本计划的编制。

第一，编制成本计划前进行测算工作，提出成本降低目标。经过认真搜集和整理有关工程项目的成本资料，结合相关政策、建筑市场和企业能力等来分析这些资料，仔细地研究平衡试算，最终提出较为科学的成本降低目标。

第二，成本计划草案的编制。这一阶段应当在总会计师的具体领导下，由财务部门牵头，会同计划、预算、技术等有关部门进行，紧紧围绕企业经营方针和目标，收集和整理与成本相关的基础预测资料；依据计划年度的施工生产任务、物资供应、劳动工资、技术组织措施等计划和预算定额、劳动定额、工资水平以及本企业历史上各项消耗指标，并参考同行业先进成本水平和技术经济指标等。这一环节中最重要的是从技术措施上要结合施工组织设计的编制过程，通过不断地优化施工技术方案和合理配置生产要素，进行工料机消耗的分析，制定一系列节约成本和挖潜措施，即选定技术上可行、经济上合理的最优降低成本方案。

第三，编制正式成本计划。结合企业进度计划、质量计划等其他计划，同时结合企业为了实现对其他所有项目的资源综合利用的整体安排，达到企业各项计划综合平衡之后，才能编制正式的施工成本计划。同时，成本计划指标经过试算平衡后，如果已经达到了降低成本计划指标的要求，可以将成本确定的指标进行分解，向企业内部各部门、各层次提出降低成本要求和各自所承担的具体指标及指标控制数值。这样通过成本计划把目标成本层层分解，落实到施工过程的每个环节，以调动全体职工的积极性，有效地落实成本计划、进行成本控制。

2. 施工成本计划的编制内容

（1）编制说明

对工程的范围、投标竞争过程及合同条件、承包人对项目经理提出的责任成本目标、施工成本计划编制的指导思想和依据等的具体说明。

（2）施工成本计划的指标

施工成本计划的指标应经过科学的分析预测确定，可以采用对比法、因素分析法等方法来测定。一般有以下3类指标：

第一，成本计划的数量指标。

①按子项目汇总的工程项目计划总成本指标。

②按分部汇总的各单位工程（或子项目）计划成本指标。

③按人工、材料机械等汇总的各主要生产要素计划成本指标。

第二，成本计划的质量指标。如施工项目总成本降低率，是项目经理部施工成本的考核指标，可采用如下公式：

①设计预算成本计划降低率=设计预算总成本计划降低额/设计预算总成本

②责任目标成本计划降低率=责任目标总成本计划降低额/责任目标总成本

第三，成本计划的效益指标。如工程项目成本降低额，相当于给施工成本节约制定了一个目标值：

①设计预算成本计划降低额=设计预算总成本-计划总成本

②责任目标成本计划降低额=责任目标总成本-计划总成本

（3）施工成本计划的表格

施工技术部门应根据该合同预计的施工任务和目标成本，结合技术水平和管理水平，以及工程的特点，编制降低成本技术组织措施计划。如对材料费成本项目而言准备采取的技术措施、管理措施及其他节约措施等；对人工费、材料费和机械使用费的节约拟采取的措施等，最后对间接费用的降低也要研究出节约措施。各归口部门将编制的各项费用节约措施交施工技术部门汇总，并进一步审查、充实各项技术组织措施的合理性、可行性，然后汇总各成本项目的降低成本额。

（四）施工成本计划的编制方法

施工成本计划的编制以成本预测为基础，关键是确定目标成本。计划的制订，须结合施工组织设计的编制过程，通过不断地优化施工技术方案和合理配置生产要素，进行工、料、机消耗的分析，制定一系列节约成本和挖潜措施，确定施工成本计划。一般情况下，施工成本计划总额应控制在目标成本的范围内，并使成本计划建立在切实可行的基础上。

施工总成本目标确定后，还须通过编制详细的实施性施工成本计划把目标成本层层分解，落实到施工过程的每个环节，有效地进行成本控制。施工成本计划的编制方法有：按施工成本组成编制施工成本计划；按施工项目组成编制施工成本计划；按施工进度编制施工成本计划。

1. 按施工成本构成编制施工成本计划

在按照施工成本构成编制成本计划时，把成本分解为人工费、材料费、施工机械使用费、其他直接费、间接费等主要支出项目后，要对各个项目再加以详细分解，并对计划中各种子项目计划支出做出估算说明。以材料费为例，应说明钢材、木材、水泥、砂石、加工订货制品等主要材料和加工预制品的计划用量、价格，模板摊销列入成本的幅度，脚手架等租赁用品计划付多少款，材料采购发生的成本差异是否列入成本等。只有制定详细的指标，才能起到在实际施工中对成本加以控制与考核的目的，否则没有具体目标的计划是不能起到真正控制作用的。

2. 按施工项目组成编制施工成本计划

按照目前的项目组成分解结构来编织施工成本计划，又称工作分解法，在国外被简称为 WBS。它的特点是主要以施工图中的工程实物量为基础，以本企业做出的项目施工组织设计及技术方案为依据。其具体步骤是：首先把整个工程项目逐级分解为若干个单位工程，再把每个单位工程依次分解为若干个分部工程，最后分解为便于进行单位工料成本估算的分项工程或工序，套以实际价格和计划的人工、材料、机械等消耗定额，计算工料机消耗量，并进行工料汇总，然后统一以货币形式估算出工程项目的实际成本费用。最后按分项自下而上估算、汇总，从而得到整个工程项目的估算，并据以确定成本目标。估算汇总后还要考虑风险系数与物价指数，对估算结果加以修正。

利用上述系统在进行成本计划时，工作划分得越细、越具体，价格和工程量的确定越容易，除了自上而下逐级展开工作分解之外，还要对人工费、材料费、机械费等主要支出项目加以横向分解。例如，应把钢材、木材、水泥等主要材料费的计划用量分解到各个更细的阶段和环节，以便在实际施工中加以控制与考核，因为在此基础上分级分类编制的工程项目的成本计划才是具体实施时成本控制的直接依据。

3. 按工程进度编制施工成本计划

编制按施工进度的施工成本计划，通常可利用控制项目进度的网络图进一步扩充而得。即在建立网络图时，一方面确定完成各项工作所需花费的时间；另一方面同时确定完成这一工作的合适的施工成本支出计划。在实践中，将工程项目分解为既能方便地表示时间，又能方便地表示施工成本支出计划的工作是不容易的，通常如果项目分解程度对时间控制合适的话，则对施工成本支出计划可能分解过细，以至于不可能对每项工作确定其施工成本支出计划，反之亦然。因此，在编制网络计划时，应在充分考虑进度控制对项目划分要求的同时，还要考虑确定施工成本支出计划对项目划分的要求，做到二者兼顾。

按工程进度编制施工成本计划的表现形式是通过对施工成本目标按时间进行分解，在网络计划基础上，可获得项目进度计划的横道图，并在此基础上编制成本计划。其表示方式有两种：一种是利用时间-成本累计曲线（S 形曲线）表示；另一种是在时标网络图上按月编制的成本计划。其中，时间-成本累计曲线的绘制须确定工程项目进度计划，根据每单位时间内完成的实物工程量或投入的人力、物力和财力，计算单位时间（月或旬）的成本，在时标网络图上按时间编制成本支出计划。

一般工作中编制月度项目施工成本计划，是指项目某一月度根据施工进度计划所编制的项目施工成本收入、支出计划，以便及时与月度项目施工计划相对比，及时发现问题尽早纠偏。它包括根据施工进度计划而做出的各种资源消耗量计划、各项现场管理费收入及支出计划，属于现场控制性计划，是项目经理部继续进行各项成本控制工作的依据。

以上 3 种编制施工成本计划的方法并不是相互独立的，在实践中，往往是将这几种方法结合起来使用，从而达到扬长避短的效果。例如，将按项目组成分解项目总施工成本与按施工成本构成分解项目总施工成本 2 种方法相结合，横向按施工成本构成分解，纵向按项目组成分解，反之亦可。这种分解方法有助于检查各分部分项工程施工成本构成是否完整，有无重复计算或漏算；同时还有助于检查各项具体的施工成本支出的对象是否明确或落实，并且可以从数字上校核分解的结果有无错误。或者还可将按项目组成分解项目总施工成本计划与按施工进度分解项目总施工成本计划结合起来，一般纵向按项目组成分解，横向按施工进度分解。

另外成本计划管理的指标与措施一般情况下是不变的，但也有其相对动态的一个方面，例如，编制施工成本计划应注意在每个子计划期末，根据实际施工成本计划的完成情况做出及时的核算和分析，对原施工成本计划进行适当改进。如果出现工程变更，或工程施工中客观条件发生较大变化时应立即重新编制施工成本计划，使计划条件要与实际工程实施条件相符，才能真正起到对工程施工成本控制的指导作用。

三、施工成本控制

施工成本控制通常是指在施工成本的形成过程中，对生产经营所消耗的人力资源、物资资源和费用开支，进行指导、监督、调节和限制，及时纠正将要发生和已经发生的偏差，把各项生产费用控制在成本计划的范围内，以保证成本目标的实现。

（一）施工成本控制的依据

施工成本控制的依据如下：

1. 工程承包合同

施工成本控制要以工程承包合同为依据，围绕降低工程成本这个目标，从预算收入和实际成本两方面，努力挖掘增收节支潜力，以求获得最大的经济效益。

2. 施工成本计划

施工成本计划是根据施工项目的具体情况制订的施工成本控制方案，既包括预定的具体成本控制目标，又包括实现控制目标的措施和规划，是施工成本控制的指导文件。

3. 进度报告

进度报告提供了每一时刻工程实际完成量、工程施工成本实际支付情况等重要信息。施工成本控制工作是通过实际成本与施工成本计划相比较，找出二者之间的差别，分析偏差产生的原因，从而采取改进措施以后的工作。此外，进度报告还有助于管理者及时发现工程实施中存在的隐患，并在事态还未造成重大损失之前采取有效措施，尽量避免损失。

4. 工程变更

在项目的实施过程中，由于各方面的原因，工程变更是很难避免的。工程变更一般包括设计变更、进度计划变更、施工条件变更、技术规范与标准变更、施工次序变更、工程数量变更等。一旦出现变更，工程量、工期、成本都必将发生变化，从而使得施工成本控制工作变得更为复杂和困难。因此，施工成本管理人员就应当通过对变更要求当中各类数据的计算、分析，随时掌握变更情况，包括已发生工程量、将要发生工程量、工期是否拖延、支付情况等重要信息，判断变更以及变更可能带来的索赔额度等。

除了上述几种施工成本控制工作的主要依据以外，有关施工组织设计、分包合同文本等也都是施工成本控制的依据。

（二）施工成本控制的步骤

确定了施工成本计划之后，在实施的过程中不能只照搬计划指标，必须定期地进行施工成本计划值与实际值的比较，当实际值偏离计划值时，分析产生偏差的原因，采取适当的纠偏措施，以确保施工成本控制目标的实现。因此，施工成本控制分为比较、分析、预测、纠偏和检查 5 个步骤。

1. 比较

按照某种确定的方式将施工成本计划值与实际值逐项进行比较，以发现施工成本是否已超支。

2. 分析

在比较的基础上，对比较的结果进行分析，以确定偏差的严重性及偏差产生的原因。这一步是施工成本控制工作的核心，其主要目的是找出产生偏差的原因，从而采取有针对性的措施，减少或避免相同原因的再次发生或减少由此造成的损失。

3. 预测

根据项目实施情况估算整个项目完成时的施工成本，预测的目的在于为决策提供支持。

4. 纠偏

当工程项目的实际施工成本出现了偏差，应当根据工程的具体情况、偏差分析和预测的结果，采取适当的措施，以期达到使施工成本偏差尽可能小的目的。纠偏是施工成本控制中最具实质性的一步。只有通过纠偏，才能最终达到有效控制施工成本的目的。

5. 检查

指对工程的进展进行跟踪和检查，及时了解工程进展状况以及纠偏措施的执行情况和效果，为今后的工作积累经验。

（三）施工成本控制的方法

施工成本的影响因素众多，对施工成本的控制可采用施工成本的过程控制法、赢得值法等。

1. 施工成本的过程控制法

施工成本控制是在成本发生和形成的过程中对成本进行的监督检查，成本的发生与形成是一个动态的过程，这就决定了成本的控制也是一个动态的过程，也可称为成本的过程控制。施工成本过程控制的对象与内容如下：

（1）人工费的控制

人工费的控制实行“量价分离”的方法，将作业用工及零星用工按照定额工日的一定比例综合确定用工数量与单价，通过劳务合同进行控制。

加强劳动定额管理，提高劳动生产率、降低工程耗用人工工时，是控制人工费支出的主要手段。

（2）材料费的控制

材料费的控制是施工降低成本的重要环节。材料费一般占建筑安装工程造价的60%左右，做好材料的管理，降低材料费用是降低施工成本的最重要的途径。材料费的控制同样按照“量价分离”的原则，从材料的用量和材料价格两方面进行控制。

第一，材料用量的控制。在保证符合设计规格和质量标准的前提下，合理使用材料和节约使用材料，通过定额管理、计量管理等手段以及施工质量控制，避免返工等，有效控制材料物资的消耗。

①限额领料控制。对于有消耗定额的材料，项目以消耗定额为依据，实行限额发料制度。对于没有消耗定额的材料，则实行计划管理和按指标控制的办法，根据长期实际耗用，结合当月具体情况和节约要求，制定领用材料指标，据以控制发料。超过限额领用的

材料，必须经过一定的审批手续方可领用。施工班组严格实行限额领料，控制用料，凡超额使用的材料，由班组自付费用，节约的可以由项目部与施工班组分成，使员工充分认识到节约与自身利益的关系，在日常工作中主动掌握节约材料的方法，降低材料废品率。

②计量控制。为准确核算项目实际材料成本，保证材料消耗准确，在各种材料进场时，项目材料员必须准确计量，查明是否发生损耗或短缺，如有发生要查明原因，明确责任。发料过程中，要严格计量，防止多发或少发。

③以钱代物，包干控制。在材料使用过程中，对部分小型及零星材料（如铁钉、铁丝等）采用以钱代物、包干控制的办法。其具体做法是：根据工程量结算出所需材料，将其折算成现金，每月结算时发给施工班组，一次包死，班组要用料时，再从项目材料员购买，超支部分由班组自负，节约部分归班组所得。

④技术措施控制。采用先进的施工工艺等可降低材料消耗，例如，改进材料配合比设计，合理使用化学添加剂；精心施工，控制构筑物和构件尺寸，减少材料消耗；改进装卸作业，节约装卸费用，减少材料损耗，提高运输效率；经常分析材料使用情况，核定和修订材料消耗定额，使施工定额保持平均先进水平。

第二，材料价格的控制。材料价格主要由材料采购部门在采购中加以控制。由于材料价格是由买价、运杂费、运输中的合理损耗等所组成，因此，控制材料价格，主要是通过市场信息、询价，应用竞争机制和经济合同手段等控制材料、设备、工程用品的采购价格，包括买价、运费和耗损等。

①买价控制。买价的变动主要由市场因素引起，但在内部控制方面，应事先对供应商进行考察，建立合格供应商名册。采购材料时，必须在合格供应商名册中选定供应商，实行货比三家，在保质保量的前提下，争取最低买价。同时实现项目监督，项目对材料部门采购的物资有权过问与询价，对买价过高的物资，可以根据双方签订的横向合同处理。此外，材料部门对各个项目所需的物资可以分类批量采购，以降低买价。

②运费控制。合理组织材料运输，就近购买材料，选用最经济的运输方法，借以降低成本。为此，材料采购部门要求供应商按规定的包装条件和指定的地点交货，供应单位如降低包装质量，则按质论价付款，因变更指定地点所增加的费用均由供应商自付。

③损耗控制。要求项目现场材料验收人员及时严格办理验收手续，准确计量，以防止将损耗或短缺计入材料成本。

材料管理工作是一项业务性较强、工作量较大的工作，降低材料单价和减少消耗量绝不是以次充好、偷工减料，而是在保质、保量、按期、配套地供应施工生产所需材料的基础上，监督和促进材料的合理使用，进一步达到材料成本最低的目标。

(3) 施工机械使用费的控制

合理选择和使用施工机械设备对施工成本控制具有十分重要的意义。施工机械一般通过租赁方式使用，因此，必须合理配备施工机械，提高机械设备的利用率和完好率。施工机械使用费的控制主要从台班数量和台班单价两方面控制。为有效控制施工机械使用费支出，主要从以下几个方面进行控制：

第一，合理安排施工生产，加强设备租赁计划管理，减少因安排不当引起的设备闲置。

第二，加强机械设备的调度工作，尽量避免窝工，提高现场设备利用率。

第三，加强现场设备的维护保养，降低大修、经常性修理等各项开支，保障机械的正常工作，避免因不正确使用造成机械设备的停置。

第四，做好机上人员与辅助生产人员的协调与配合，实行超产奖励方法，加强培训提高机上人员技能，提高施工机械台班产量。

第五，加强配件管理，建立健全配件领发料制度，严格按油料消耗定额控制油料消耗。

(4) 施工分包费用的控制

施工分包费用的控制是施工成本控制的重要工作之一，项目经理部在确定施工方案的初期就要确定要分包的工程范围。对分包费用的控制，主要是要做好分包工程的询价、订立平等互利的分包合同、建立稳定的分包关系网络、加强施工验收和分包结算等工作。

2. 赢得值法

工程成本与进度之间的联系非常紧密，进度超前、滞后都会影响成本支出的大小。赢得值法是美国国防部于 1967 年首次确立的一种对工程项目的费用和进度进行综合分析控制的方法，是目前国际上采用较多的一种方法。

赢得值法的核心是将项目在任一时间的计划指标、完成状况和资源耗费综合度量，也就是说将进度转化为货币来测量工程的进度。赢得值法的价值在于将项目的进度和费用综合度量，从而能准确描述项目的进展状态，能全面衡量工程进度、成本状况。赢得值法的另一个重要优点是可以预测项目可能发生的工期滞后量和费用超支量，从而及时采取纠正措施，为项目管理和控制提供了有效手段，它是对项目进度和费用进行综合控制的一种有效方法。

(1) 赢得值法的 3 个基本参数

第一，已完工作预算费用（BCWP），它是指项目实施过程中某阶段按实际完成工作量及预算定额计算出来的费用，业主正是根据这个值为承包人完成的工作量支付相应的费用，也就是承包人获得（挣得）的金额，故称赢得值或挣得值：

已完工作预算费用=已完成工作量×预算单价

第二，计划工作预算费用（BCWS），是指项目实施过程中某阶段计划要求完成的工作量所需的预算费用，主要是反映进度计划应当完成的工作量（用费用表示）：

计划工作预算费用=计划工作量×预算单价

第三，已完工作实际费用（ACWP），是指项目实施过程中某阶段实际完成的工作量实际消耗的费用，主要是反映项目执行的实际消耗指标：

已完工作实际费用=已完成工作量×实际单价

（2）赢得值法的四个评价指标

在以上三个基本参数的基础上，可以确定赢得值法的四个评价指标，它们都是时间的函数。

第一，费用偏差（CV），是已完工作预算费用与已完工作实际费用之差：

费用偏差=已完工作预算费用-已完工作实际费用

当费用偏差 CV 为负值时，表示实际费用超出预算费用，即超支。反之当 CV 为正值时表示实际费用低于预算费用，表示有节余或效率高。若 CV 为 0，表示项目按计划执行。

第二，进度偏差（SV），是已完工作与计划工作预算费用之差：

进度偏差=已完工作预算费用-计划工作预算费用

当进度偏差 SV 为负值时，表示进度延误，即实际进度落后于计划进度。当 SV 为正值时，表示进度提前，即实际进度快于计划进度。若 SV 为 0，表明进度与计划一致。

第三，费用绩效指数（CPI），是指挣得值与实际费用之比：

费用绩效指数=已完工作预算费用/已完工作实际费用

当 CP<1 时，表示实际费用高于预算费用，即超支。当 CPI>1 时，表示实际费用低于预算费用，即节支。若 CPI=1 则表示实际费用与预算费用吻合，即项目费用按计划进行。

第四，进度绩效指数（SPI），是指项目挣得值与计划值之比：

进度绩效指数=已完工作预算费用/计划工作预算费用

当 SPI<1 时，表示进度延误，即实际进度落后于计划进度。当 SPI>1 时，表示进度提前，即实际进度快于计划进度。若 SPI=1 表示实际进度等于计划进度。

第七章 水利水电设计、信息与安全风险管理

第一节 水利水电设计管理

一、水利水电勘测设计投标管理

（一）投标人员的组成

不同于其他建筑施工企业的投标工作，水利水电工程的勘测设计工作属于技术密集型工作，为了有效提高其中标率，就应该组建一支具有多种专业技能的投标班子。在做到低报价的同时，还应该充分体现本企业的技术实力、丰富的经验以及良好的社会信誉，这就给水利水电勘测设计单位带来了巨大的挑战。为了迎接挑战，设计单位应该有能力完成高难度的设计工作，并且具备现代化的管理模式，通过现代化的管理来有效地降低设计成本，缩减设计周期，做到低报价。为了能在竞争激烈的投标活动中取胜，水利水电勘测设计单位应该组建一支专业的投标队伍，具体包括经营管理类人才、专业技术类人才以及商务金融类人才。

1. 经营管理类人才

经营管理类人才应该具备较宽的知识面、法律知识和丰富的工作经验。要求其具备灵活的应变能力、交流能力以及思维创新能力，并且具备预测能力和社会活动能力，可以在水利水电勘测设计投标工作中发挥良好的经营管理工作，可以为投标工作做到全面规划，整体安排，并且做出正确的决策。

2. 专业技术类人才

投标队伍里的专业技术类人才，应该具备最新的专业知识，具有丰富的勘测设计经验，投标过程中可以根据本企业的实际情况结合投标项目的实际情况来预测设计过程中可

能遇到的技术难题，并制订合理的计划。

3. 商务金融类人才

目前，许多大型的水利水电勘测设计单位已经进入国际市场，在进行国际工程的投标过程中，商务金融类人才发挥着重要的作用，应具备保险、索赔、法律、金融等专业知识。财务人员也应具备外汇管理和计算、税收等方面的知识。

投标班子之间应通力合作，共同制订投标计划，重点发挥投标班子的能力水平，并在投标活动中不断积累经验、提升自身，进而使得投标工作的顺利开展，提高中标率。

（二）投标决策

为了提高企业的经济效益，水利水电勘测设计单位在投标过程中应充分考虑自身情况和投标项目，认真分析是否投标。确定投标后应该选择合理的投标策略，做出正确的投标决策。在收到水利水电勘测设计单位投标信息之后，设计单位应对该项目进行可行性研究，并对业主的情况以及其他投标单位进行详细的了解，并根据自身情况来确定是否投标，综合考虑自身与其他投标单位的情况，做出正确的决策，这对企业的经济效益有直接的影响。

（三）投标工作的技术准备

水利水电勘测设计单位综合考虑决定投标之后，就应该做好相应的准备工作。首先应在招标文件规定的时间内与招标方进行联系，报道并办好相关的手续。之后投标队伍在业主的领导下进行施工现场的勘测工作，并进行相关资料的收集，之后进行水利水电工程勘测设计投标书的编制工作。投标书的编制过程中应该充分展示本单位的优势，对投标项目的工程地质、施工进度、项目的开发方式、开发任务、机电设备及其自动化水平等内容进行详细的介绍，并且要对勘测设计中的工作重点和难点进行详细的分析，对投标项目所采用的新技术、新材料进行探析。对投标项目的环境、技术以及经济因素进行分析论证，对如何提高设计质量以及进度保证措施进行详细的介绍，从上述几个方面让招标方了解本单位的优势，让业主对自身企业的设计质量、设计成本以及进度没有疑虑，这样才能有效地提高中标率。

（四）电子招标投标

电子招标投标是指通过计算机、网络等信息技术，对招标投标业务进行重新梳理，优化重组工作流程，在网络上执行在线招标、投标、开标、评标和监督监察等一系列业务操作，最终实现高效、专业、规范、安全、低成本的招标投标管理。

1. 提高采购效率，降低采购成本

相比传统的纸质招标投标，电子化招标投标把项目的信息公告、招标投标文件、投标报价、评标、定标等过程放在信息网络上进行，基本上实现了招标投标全过程的电子化方式。

2. 降低招标投标腐败行为发生的可能性

加快推行电子招标投标，有利于减少人为因素的干扰，遏制弄虚作假行为，保证招标投标活动的公开、公平和公正，预防和减少腐败现象的发生。

3. 有利于构建统一的招标投标市场

电子招标平台通过公开发布招标信息、招标程序、评标办法和评标结果等内容，充分体现了公平、公开、公正的竞争原则，保证了网络平台的开放性。

（五）水利水电勘测设计投标的认识和建议

1. 政府部门要严格规范市场准入条件

为了保证水利水电勘测设计投标工作的顺利开展，政府部门应该加强对投标单位进行控制，应严格控制市场准入制度，对投标单位资质进行认真审查。对有名无实的勘测设计单位进行清理，并且应根据投标单位的资质和等级来限制其经营范围。对于超过其承揽范围的情况，政府部门应强制制止。

2. 政府部门应规范业主行为

为了保证水利水电勘测设计投标工作的顺利开展，政府应该根据工程的任务、规模以及使用情况对业主的资质进行严格的审查。目前，政府对水利水电勘测设计单位以及施工单位的资质审查较为严格，对业主的审查工作并不到位，许多业主对勘测设计工作的了解并不深刻。对勘测设计工程是否需要进行投标没有明确、具体以及强制的规定，对设计和施工单位有失公允，所以，政府部门应加强对招标单位的资质审查。

3. 拒绝压价竞争

由于目前的水利水电勘测设计单位众多，业主的水平参差不齐，导致许多设计单位不严格按照国家相关规定的现行价格标准进行计费，使得投标过程中经常出现压价竞争现象。这就造成许多设计单位的发展受到阻碍，许多设计单位的权益受到侵害，并且严重影响水利水电勘测设计的质量，所以，应该杜绝压价竞争。

4. 设计单位应转变经营机制，调整经营模式

目前的水利水电勘测设计单位的企业性质以事业单位为主，经营范围主要有勘察和设计两部分。随着市场经济的快速发展，目前的设计单位正在进行转型，其经营范围也在不断扩大，已经逐步延伸到造价咨询、监理以及项目管理等，并逐步向国际化发展。

随着市场竞争机制的不断加剧，水利水电勘测设计单位逐步由生产性企业转向经营性企业，为了在激烈的竞争中谋生存求发展，设计单位应积极投入到投标中去。为了进一步提高企业的经济效益，设计单位应该组建一支专业的投标队伍，并对各类投标项目做出正确的决策来降低风险，获取利润。在决定投标之后应该编制投标文件，编制过程中应充分体现自身企业的优势，让业主对设计质量、进度以及投资满意，为了提高中标率，还应该做好投标报价工作。

二、水利水电工程施工组织设计与管理

（一）水利水电工程施工组织设计要点

1. 合理选择施工方案

在水利水电工程施工过程中，良好的施工方案是确保工程施工组织设计更加合理的重要前提和基础，对工程施工组织设计具有极其重要的作用。例如，良好的工程施工方案能够在很大程度上保证工程结构及其施工技术的可行性和经济合理性，这其中还包括工程施工顺序、施工方法以及施工技术特性等。一般情况下，良好的施工方案可有效保证工程施工的连续性以及均衡性，确定工程施工相关强度的合理指标，提出与施工顺序、施工平面以及施工场地等相应的合理布置；并且通过对工程施工物资供应、材料消耗以及技术提供等的研究，为工程预算编制工作提供最基本的资料等。

2. 合理布置施工平面

水利水电工程施工中，合理布置施工平面的目的主要是能够为主体工程的施工以及运行提供更加优秀的服务。同时，施工平面的合理布置，还能够较好地处理好施工现场与施工所需各项设施及建筑物间的复杂关系，使得施工过程中，相关工作人员通过施工方案及施工进度规划的相关内容要求，对施工场地临时房屋建筑、临时水电管线以及材料仓库和相关附属生产企业等进行合理的规划安排，以保证施工人员文明施工。

3. 合理规划施工进度

进度控制作为工程项目建设的三大控制目标，是十分重要的。工程进度失控，必然导

致人力、物力的增加，甚至可能影响工程质量和安全，拖延工期后赶进度，建设的直接费用将会增加，工程质量也容易出现问题。在关键时刻（如截流、下闸蓄水）赶不上工期，错过有利的施工机会，将会造成重大损失。如果工期大幅度拖延，工程不能按期投产受益，这种损失将是巨大的，直接影响工程的投资效益。延误工期固然会导致经济损失，盲目地、不协调地加快工程进度，同样也是片面的，也会增加大量的非生产性支出。工程建设各部位的施工进度统一步调，与资金投入、设备供应、材料供应以及移民征地等方面协调一致，并适应现场气候、水文、气象等自然规律，才能取得良好的经济效果。因此，进度控制就是以周密、合理的进度计划为指导，对工程施工进度进行跟踪检查、分析、调整与控制。

进度控制的主要文件有合同文件、进度计划、现场的管理性文件（如现场指令）等。施工企业在投标阶段就应拟订切实可行的进度计划，施工期间应严格按照合同文件和进度计划进行施工。根据工程项目建设的特点，可把整个施工过程分为若干个施工阶段，逐阶段加以控制，从而保证总工期按期或提前实现；按分包单位分解，确定各分标的阶段性进度目标，严格审核各分包单位的进度计划，各分包单位协调作业，保证工期的顺利完成；按专业工种分解，确定不同专业或不同工种相互之间的交接日期，为了下一道工序按时作业、保证工程进度，应不在本工序造成延误。工序的管理是项目各项管理的基础，通过掌握各道工序的完成质量及时间，能够控制各分部工程的进度计划。按工程工期及进度目标，将施工总进度分解成逐年、逐季、逐月进度计划，短期进度计划是长期进度计划的具体落实与保证。

4. 加强成本分析

按照计划成本目标值来控制材料、设备的采购价格，采购前根据图纸要求选择多种符合条件的材料，并从价格、质量、发货速度和数量等多方面进行比较，选择物美价廉的产品，并认真做好材料、设备进场数量和质量的检查、验收与保管。

要控制材料的利用效率和消耗，如任务单管理、限额领料、验工报告审核等。同时要做好不可预见成本风险的分析和预控，包括编制相应的应急措施等。

控制由工程变更或其他因素所引起的效率影响和消耗量增加，并做好由工程变更造成的工期延长的索赔。

加强管理人员的成本意识和控制能力，实行项目经理责任制，落实成本管理的组织机构和人员，明确各级施工成本管理人员的任务和职能分工、权利和责任。

承包人必须有一套健全的项目财务管理制度，按规定的权限和程序对项目资金的使用和费用的结算支付进行审核、审批，使其成为施工成本控制的一个重要手段。

施工过程中采用有效降低成本的技术措施，如结合施工方法，进行材料使用的比选，在满足功能要求的前提下，通过代用、改变配合比、使用添加剂等方法降低材料消耗。

5. 质量管理

（1）材料的质量控制

工程项目是由各种建筑材料、辅助材料、成品、半成品、构配件等构成的实体，这些构成物本身的质量及其质量控制工作，对工程质量具有十分重要的影响。由此可见，材料质量是工程质量的基础，材料质量不符合要求，工程质量也就不符合标准。所以，加强材料的质量控制，是提高工程质量的重要保证。

（2）施工方法或工艺的质量控制

施工方案合理与否、施工方法和工艺先进与否，均会对施工质量产生极大的影响，是直接影响工程项目的进度控制、质量控制、投资控制三大目标能否顺利完成的关键。在施工实践中，由于施工方案考虑得不周、施工工艺落后而造成施工进度迟缓，质量下降，投资增加等情况时有发生。为此，在制定施工方案和施工工艺时，必须结合工程实际，从技术、管理、经济、组织等方面进行全面分析，综合考虑，采取科学合理的施工方法，确保施工方案、施工工艺在技术上可行，在经济上合理，且有利于提高施工质量。

6. 环境保护

环境因素的控制，主要有技术环境、施工管理环境及自然环境。技术环境因素包括施工所用的规程、规范、设计图纸及质量评定标准。施工管理环境因素包括质量保证体系、三检制、质量管理制度、质量签证制度、质量奖惩制度等。自然环境因素包括工程地质、水文、气象、温度等。这些因素对施工质量的影响具有复杂而多变的特点，尤其是某些环境因素更是如此。因此，加强环境控制，改进作业条件，把握好技术环境，辅以必要措施，是控制环境对质量影响的重要保证。

（二）水利水电项目规范化管理措施

1. 健全项目施工管理机制

水利水电工程实施过程中，所涉及的施工量比较庞大，容易受到自然环境因素的影响，并且是由国家财政来对其实施长期的投资与管理。工程项目在实施的过程中，所耗费的时间较长，其工程质量的好坏，也直接决定着国家防洪工作和投资效益的正常发挥。企业要制定操作性强的项目管理目标责任书，以职能部门为依托，深入工地监督检查，使项目管理的各项责任目标始终处于受控状态。一个中型左右的水利水电工程国家投资动辄数百万至上千万元，仅靠完工终结性评价，必将加大项目管理的风险。所以，要建立科学合理的项目管理考核评价制度，把项目考核评价作为项目管理新的起点，树立持续改进的思想观念，促进项目管理的规范化。

2. 统筹兼顾、保证施工管理的有效实施

水利水电工程项目在实施过程中，要对施工技术质量管理工作做到有效认识，保证在项目实施过程中，能够有序合理地进行。对于施工技术的管理来说，在不同时期的施工阶段，所存在的内容也有着很大程度的不同。因此，在施工管理中，要在解决技术问题的基础上，做到统筹兼顾，做好项目施工管理工作。另外，技术管理应贯彻施工管理的全过程，随时协调各阶段施工作业之间在空间布置与时间安排的关系。水利水电工程在实施过程中，还要做到对新技术、新材料及新型工艺的有效应用，只有这样，才能够响应时代发展的需求，同时为未来的科学发展奠定重要的基础。

3. 全面做好员工培训工作

施工管理过程中，要做到以人为本，工程项目负责人应该全面负责员工的教育培训工作。在培训过程中，要做到有层次、有针对性，做到对内容重点的有效突出。不断提升全体员工的操作技能、安全意识及施工进度的强化意识。教育培训工作并不是一劳永逸的，而是一项基础性质的工作，需要在实施过程中花费大量的时间与精力。

4. 积极改进施工组织设计方案

编制合理的施工组织设计方案，必须保证施工方案技术上的可行性与经济上的合理性相统一。

充分应用系统理念和方法，建立一套科学、健全，且符合自身发展实际的施工组织编制标准，以此来避免或者减少重复劳动。

将水利施工组织设计进行模块化编制，并积极引入一些先进的现代信息技术，通过不同模块的优化组合，来减少施工中的无效劳动。

工程施工组织设计的内容必须做到既简明扼要，又与实际相结合，同时还能突出重点，以满足工程招标投标及各项规定的要求，并能够有效体现企业自身的实力及信誉。

正确评估工程施工组织设计图纸的合理性以及经济性。

建立一套科学、健全及规范的关于工程施工质量管理的体系，并将其与施工组织设计有机结合起来。

面对日益激烈的市场竞争环境，作为水利水电工程中的重要组成部分，施工组织设计的合理与否直接关系工程的最终施工质量及经济效益。因此，施工单位及管理人员必须加强对工程施工组织设计的研究，努力采取各种措施合理优化工程设计方案，并有效组织工程施工，以此降低工程造价，提高工程整体质量和效益。

（三）水利水电混凝土施工管理要点

1. 质量管理发展的最新阶段就是全面质量管理

在全面质量管理中，质量这个概念和全部管理目标的实现有关，它的特点是：把过去的以事后检验和把关为主转变为以预防为主，即从管结果转变为管因素；从过去的就事论事、分散管理，转变为以系统的观点为指导进行全面的综合治理；突出以质量为中心，围绕质量开展全员的工作；由单纯符合标准转变为满足顾客需要；并强调不断改进过程质量，从而不断改进产品质量。开展全面质量管理的基本要求可以概括为“三全一多样”，即全员的质量管理、全过程质量管理、全企业的质量管理和多方法的质量管理。

2. 在实际工作中，往往对质量控制不严格，使质量出现各种不同的问题

基础设施建设是百年大计，是关系到国计民生的大事，质量责任重于泰山。为了避免“豆腐渣”工程的出现，就要本着对国家、对人民，更是对企业前途和个人负责的态度，不折不扣地加强质量意识，强化质量管理。大坝混凝土浇筑和相关的工程设施，从设计、施工到投入运行，质量是一项贯穿始终的要求。由于大坝浇筑一般有着体积大、寿命长、安全系数要求高的特点，建成一个高质量、高效益、高运行状态的大坝是水电建筑的中心议题。从质量控制的总体而言，很多的质量问题不仅有技术原因，但绝大多数则是由管理不善造成的。因此，施工质量管理在整个施工过程中有着无法替代的地位。

3. 搞好全面质量管理工作必须做好一系列的基础工作

它是企业建立质量体系、开展质量管理活动的立足点和依据，也是质量管理活动取得成效和质量体系有效运转的前提和保证，基础工作的好坏，决定了企业全面质量管理的水平，也决定了企业能否面向市场长期地提供满足用户需要的产品。基础工作包括标准化工作、计量工作、质量信息工作、质量责任制和质量教育工作。

4. 市场经济是竞争的经济，企业生存和发展依靠竞争

竞争依靠企业的良好信誉。企业的信誉，重要的一条就是靠投标单位的经济实力。随着市场经济的不断完善，每一个中标工程都要加强管理才能取得利润，混凝土工程量的多少，质量的优劣，工时、机械台时的利用，资源、能源的消耗，资金周转的快慢等，都会直接地或间接在成本中反映。运用成本管理这个手段，就可以对上述这些方面起到组织和促进作用，因此，必须在经济活动的全过程中，实行科学的、全面的、综合的成本管理。成本管理包括成本预测、成本计划、成本控制、成本核算及成本分析和考核，成本管理中最重

要的就是成本控制，就是在工程施工的整个过程中，通过对工程成本形成的预防、监督和及时纠正发生的偏差，使施工成本费用被控制在成本计划范围内，以实现降低成本的目标。

第二节　水利水电信息管理

一、水利水电建设工程监理中的信息管理

监理的方法是控制，控制的基础是信息，信息也是监理工程师协调工程项目建设各有关参与方的重要媒介和决策的依据。所以，如果信息管理工作跟不上，监理人员就难以进行目标跟踪和控制工作，对工程项目总目标的实现也会带来影响，而要使信息准确、及时、实用，信息管理工作就显得尤为重要。水利水电工程是国民经济建设的基础工程，在这样一个宏伟的基础建设工程中，建设工程监理信息管理工作的地位非同寻常。

（一）建立流畅的工程监理信息网

建设工程监理要获得信息，就必须建立流畅的信息网。一般应在监理部门内部专门配备一名工程师代表，专门负责本工程（标）的信息管理工作，这就要求建立监理部门与参建单位的信息网络（局域网），以便准确、快捷、可靠地传递信息，特别适合于工程数据、图表信息的传递。同时，为使信息网系统化、规范化，还应有如下规定：

1. 规定工程参建单位之间的信息传递路径

业主、政府有关部门、其他单位关于工程建设的信息应通过监理传递到工程参建各有关单位；工程参建各有关单位的所有信息也应通过监理单位传递到该信息接收者。这样就能保证监理单位信息管理的时效性。

2. 规定项目监理部内部的信息传递路径

所有外来信息经过筛选后传递到总监理工程师，由总监理工程师根据具体情况决定处理方式并传递到专职管理责任人，处理完毕后再反馈给总监理工程师和有关人员，并分类入卷。

（二）信息资料的收集

1. 工程监理信息资料类别

（1）设计信息

设计信息是信息流的一条主渠道，它对正确理解设计意图，保证施工质量至关重要。除正式颁发的设计图纸、设计修改通知以及设计变更等重要资料外，设计参数及计算方法也在信息资料收集之列。同时，监理工程师应经常与设计人员交流和沟通，以便得到更多的信息。

（2）业主提供的信息

业主应向监理提供如下资料：

①建设用地规划许可证。

②工程地址勘察报告。

③场内地下管线等设施及周边环境文件。

④地形测量水准点等三方交接记录。

⑤政府有关部门对施工图纸文件的审批意见。

⑥盖有审图章的全套施工图纸。

⑦施工中标书及施工合同。

⑧建设工程规划许可证。

⑨建设工程施工许可证。

⑩质检、安检登记备案手续。

⑪节能及人防审图意见书。

⑫业主驻工地代表电话名单及分工。

（3）来自承包商的信息

来自承包商的信息包括承包商的“施工总进度计划”和“施工方法说明”，以及各单项工程的施工进度计划等，这些都是监理工程师进行施工质量、进度和费用控制的重要依据。

（4）监理工程师的信息

监理工程师的信息包括监理工程师对承包商发布的工程开工令，对承包商的施工进度、质量安全方面的指示，现场监理月报、施工监理日志、监理负责人的施工记录，以及反映工程质量与进度的工程照片、录像、检验周报等。

（5）其他信息

除以上几种主要的信息来源外，地方政府的环保、公安、交通和税务等部门也有一定的信息。

总之，所有与工程有关的信息都在收集之列。

2. 工程监理信息资料的特点

（1）信息量大

这是因为建设监理涉及的单位多、专业多、渠道多、环节多和形式多。

（2）信息系统性强

大量信息都集中于所监理的项目对象中，故容易系统化，为信息系统的建立和应用创造有利条件。

（3）信息传递和输出的障碍多

这往往是由传递者对信息的理解、经验和知识的限制或传递手段落后造成的。

（4）信息产生的滞后现象

信息是在工程建设和管理过程中产生的，信息反馈一般要经过加工整理、传递输出的过程，容易造成滞后。

（三）信息资料处理系统

基于水利水电建设监理信息量大、面广、复杂等特点，对其管理更适合于采用计算机信息管理系统。

1. 信息资料加工整理

收集到的资料往往是不连贯的，甚至是支离破碎的。而这些支离破碎的信息却不能利用与输出，必须经过整理与加工，使其变为直观、易懂的信息才能输出，应用信息资料的整理与加工工作主要如下所述：

（1）文函实录与管理

文函是监理工程师与业主、承包商以及设计部门等各有关部门相互发布指令、提交资料、请示和协商的主要手段。一个工程中，来往文函的数量巨大，必须采用计算机管理，才能很快查到有关的文件，既快捷又准确。同时，为能更好地与国际接轨，应尽量采用新技术、新软件进行相关文函和技术规范的管理。

图纸管理。图纸是承包商进行施工的基础，也是监理工程师最主要的监理依据，施工图纸量大，修改次数多，最容易造成混淆或错乱。因此，应使用计算机对图纸进行管理，这样才能对来往图纸的发放以及目前图纸所在的中间环节一清二楚。

（2）施工报表

施工过程中按照合同条款和监理工程师的要求，承包商填写的报表多达数十种，这些都是施工过程中实实在在发生的真实记录，无论进行监理控制还是进行工程问题的处理，对今后工程质量的评定还是处理各种原因引起的纠纷以及索赔问题都是重要的依据。因此，监理工程师应对施工报表、材料与设备情况、现场记录、检验周报、质量安全报告和各种文字报告进行分类整理，并由专人保管。

（3）施工进度控制

施工进度控制是监理工程师的一项主要工作，目前使用较普遍的土建工程控制程序为 Primavera Project Planner（简称 P3）。监理工程师运用 P3 对承包商的“总施工进度计划”进行审查，并对承包商的整个施工过程进行监控，可以提前发现承包商在工期、资源配置以及投资等方面的问题，并给出定量、定性的分析。监理工程师一般每周将“P3”中的数据进行更新，以便随时掌握施工进度情况，帮助承包商发现和解决问题。

（4）信息加工

信息资料经过整理，已经具有利用价值。但是，整理出来的原始资料往往非常多，不便于传递。为了方便传递，通常应进行编辑加工，录入专用“建设工程监理信息管理系统”，并以图表形式或报表形式输出。

2. 水利水电建设工程监理常用信息管理系统简介

我国对水利水电工程建设监理的信息管理工作尚属起步阶段，各种管理系统和模式参差不齐，现简单介绍以下 2 种常见的管理系统：

（1）基于 C/S 和 B/S 模式的监理信息管理系统

该信息管理系统是一个大型的数据库信息系统，其总体目标是：建立既有操作、管理和控制功能，又有辅助决策功能的先进、有效、完整的计算机管理信息系统，能全面、准确、及时地为水利水电建设工程监理提供现代化的信息服务及辅助宏观决策。

为使该信息管理系统具有开放易扩充性、可伸缩性等优越性，工程监理部门与各承包商采用由高性能微机和数据库服务器构成客户/服务器（Client/Server，简称 C/S）体系结构，各承包商与监理单位之间采用浏览器/服务器（Browser/Server，简称 B/S）体系结构，通过 C/S 和 B/S 两种体系结构相结合的方式，构建整个监理信息管理系统。C/S 体系结构是目前常用的信息系统结构，在该体系结构下，应用系统分为客户（前端）和服务器（后端），客户端实现用户接口、表示逻辑，服务器端完成事物逻辑和数据存取。B/S 体系结构是一种基于 Hyperlink、HTML、Java 的三级或多级 Client/Server 结构，使用浏览器可以方便地实现对服务器的访问。

（2）水利水电工程建设监理的信息管理计算机辅助系统

该系统的设计是以我国现行的水利水电建设监理法规、条例为依据，并结合国际通用的 FIDIC 合同条件，考虑水利枢纽、水电站、引水提水、农田水利等水利水电工程建设和区别于一般工程项目管理的“三控制”“两管理”监理业务的特点。以合同管理为核心，贯穿了监理法规条例、合同和招标投标管理、质量、进度、投资控制、文档管理和系统维护等模块，覆盖了招标投标和施工阶段建设监理的全部内容具有信息收集、处理、查询、检索阅读、打印的功能，以及统计分析计算、网络计划技术、全面质量管理等现代化管理手段。

系统主要内容包括：①收集日常监理工作中大量的信息，用数理统计分析、控制图、网络计划技术、回归分析、盈亏分析、系统综合评价等现代化管理方法，进行工程质量的分析统计；工程进度的调整；进度、费用的优化；工程造价、工程成本的分析等工作。②以规范化格式输出有关工程的各种文件、报表等。③档案管理，为工程索赔、验收提供依据和资料。

（四）信息输出管理

信息资料经过整理和加工，要向各有关部门和领导传递。而有些信息具有很强的时效性，及时传递极其重要：对于信息反馈和输出管理工作，主要有以下 3 种形式：

1. 施工监理月报

这是代表一个月工程监理情况的全面报告，其内容主要由 3 部分组成：①进度报告，又细分为“工程监理概述”“施工监理”“合同情况”“工程监理概述”，主要概括本月监理情况、监理重点取得的成绩和存在的问题、今后努力的方向等；②以本月工程进度为依据，以图表的形式输出“工程进度月报表”“工程计划进度实际进度比较曲线”“工程量签认表”“内、外资投资累计曲线”以及“工程大事记”等；③工程附照，包括主要工程项目的现场施工照片以及有关的工程质量问题的照片。

2. 施工周报

根据周进度编制的“施工周报”，主要为了让关心工程进度的各级领导和有关人员能够及时、全面地了解各施工作业面的进度情况，计划与实际进度的比较以及本周完成的主要工程量。“施工周报”是各级领导及时、准确了解工程信息的途径。

3. 专题监理信息

对工程中出现的较为重要的信息，或者根据业主及总监理工程师的要求，对某一重要事情要以专题报告的形式向有关各方送报。比如“工程进展情况”“年度投资计划”，以及重要的“变更令”等，所有这些都应及时向有关各方传递。

二、工程质量信息管理

（一）工程质量信息管理组织机构

工程质量信息管理系统组织结构采用职能组织结构。职能组织结构是使用最普遍的组织结构之一，是企业最常见的组织结构形态，其本质是将企业的全部任务分解成分任务，并交给相应部门完成。职能组织结构是一个标准的金字塔结构，高层管理者位于金字塔的顶部，中层和低层管理则沿着塔顶向下分布，职能组织结构的优点是将同类专家归在一起，可以产生专业化的优势，并减少人员和设备的重复配置，成员有一个专业知识和技能交流的工作环境，技术专家可以同时为不同的工程项目效力，部门内比较容易沟通，工作效率高，重复工作少。

（二）工程质量信息管理体系的范围

建设项目的工程质量信息管理范围应涵盖项目业主（集团公司）、建设单位、项目管理单位、勘测设计单位、政府监督部门、总承包单位、施工单位、试验检测单位、设备监造单位、监理单位等众多项目参建单位（信息源），每个项目参建单位即是项目信息的供方（源头），也是项目信息的需方（用户）。每个项目参建单位由于其在项目生命周期中所处的阶段与工作不同，相应的工程质量管理信息管理的权利和义务会有所不同。

建设项目的工程质量信息管理应涵盖工程建设的全过程，包括勘察设计、物资采供、工程施工、竣工验收、投产运行、后评估、建设准备、可研决策等 8 个阶段。

（三）工程质量信息管理系统结构

工程质量信息管理系统结构应以网络技术为支撑，以数据库技术为核心，采用开放的系统协作工作平台专项软件模块，采用组件的方式，以项目管理为主线，建立工程质量信息管理系统。一般工程质量信息管理系统采用三层体系结构。

（四）工程质量信息管理体系与外部处理流程

改变工程质量信息管理和共享过程，实现从杂乱无序的沟通方式到在线协同作业。

工程质量信息内部处理流程：建设、维护信息管理平台→采集质量信息→收集质量信息→加工整理质量信息→分析质量信息→存储质量信息→检索质量信息→传递质量信息→应用质量信息。

（五）工程质量信息管理体系基本原则

1. 持续完善

由于建设工程的复杂性，决定了工程质量信息管理体系的开发和建设不是一蹴而就的，必须遵循持续完善的原则，既能够适应不断发展的外部环境，又能够随时根据管理的需要对体系进行完善和维护。

2. 整体集成

集成是优化的基础，采用集成的思想构造工程项目全生命周期的质量信息系统，要求各阶段各层面质量信息系统之间的集成，构成一个整体。在工程管理的决策层、管理层的操作层之间实现纵向集成，在可行性研究、招标投标到设计、施工等项目实施过程中实现业务流程集成。

3. 动态关联

工程项目管理是个系统工程，工程项目质量信息系统的建设也必须遵循系统动态关联的原则。

4. 开放并且可扩展

由于工程项目的单件性与特殊性，每个项目对于工程质量管理系统的功能要求都会有所不同。这就要求工程质量信息管理系统具有很好的开放性与扩展性，以满足不同用户的需求。

5. 体系和业务优化

工程质量信息管理系统的开发不能仅仅是模拟旧的管理模式和处理过程，它必须根据实际情况和科学管理的要求加以优化和创新。

（六）建设工程实施阶段的工程质量信息管理

1. 工程质量信息的收集

（1）工程设计阶段

收集已批准的重点工程项目建议书，可行性研究报告批复中的工程规模、工程概算，采用的技术先进性、适用性，标准化程度等。

收集同类工程建设规模、结构形式、造价构成、工艺、设备的选型，建设工期，采用新材料、新工艺、新设备、新技术的实际效果和存在的问题。

（2）物资采供阶段

收集重点工程特种设备、制造周期长的大型设备、特殊施工材料采购招标投标及资质审查情况，应将上述情况制成一览表上报总部。

收集重点工程重大设备、特殊材料项目采购计划中产品的技术标准和质量要求，以及检验方式和标准。

有特殊要求的设备和材料委托第三方检验，应收集第三方资质、检测人员资格审查情况，并将检测结果制成一览表上报总部。

收集进口设备材料检验情况，应将检验结果上报总部。

收集采购的产品在验收、施工、试车和保质期内发现的不合格品情况，应对不合格品进行记录和标志，对不合格品的处置结果上报总部。

（3）工程施工阶段

收集重点建设工程项目，已批准项目管理规划大纲并上报总部。

收集工程勘察、设计、采购、检测、监理、施工单位具有相应的营业执照和资质等级证书，以及各负责人的资格证书信息。应将重点建设工程项目法人、项目管理组织机构以及经招标投标确定的承包单位、监理单位资质审查一览表上报总部。

收集按公司规定依法向政府授权的石油化工工程质量监督机构办理建设项目工程质量监督申报手续，并取得监督注册通知书的信息。

收集工程规划许可证和施工许可证的信息。

收集施工图设计交底中及图纸会审工作中的质量要求信息以及施工组织设计、特殊或重大施工方案、大件吊装施工方案中质量控制措施信息。

收集质量控制和“创优”目标信息，应将重点建设工程项目的质量计划和“创优”目标上报总部。

应将批准后的重点工程项目的总体统筹控制计划以及进度控制计划上报总部，并做好关键部位和重要工序的质量控制信息收集。

收集工程监理、施工单位的工程质量管理制度、质量责任制和质量保证体系，有效建立和检查运行情况信息。

收集特殊工种人员的上岗资格和施工分包单位的企业资质信息。

收集在日常巡视检查和工程质量大检查中质量问题处理信息。

收集依法通过招标方式选定的重要设备、材料在使用和安装上的质量信息。

收集建设单位定期上报的重点工程项目“质量月报”或“质量周报”。

收集质量检查发现的主要问题，应将重点工程质量检查、质量监察过程主要问题制成一览表上报总部。

收集工程项目“三查四定”中存在的质量隐患和处理信息。

收集工程质量事故处理的质量信息，应将工程质量事故处理结果上报总部。

（4）竣工验收阶段

收集工程项目中间交接质量验收信息。

收集工程项目通过国家验收的竣工验收信息。

收集竣工保质期内工程质量相关信息。

收集采用的先进施工技术、先进检测技术、新工艺、新设备、新材料等提高建设工程质量水平的信息。

2. 工程质量信息的加工整理

将监理、检测、施工等相关单位传递的质量数据和质量信息进行鉴别、选择、核对、合并、排序、更新、计算、汇总、转储，生成不同形式的数据和信息。

按工程项目将质量信息分别归类，根据管理者的不同需求提供各方的质量信息。

3. 工程质量信息的图文关联库的建立与维护

建立关联库的动态链接。

建立关联库表的修改、查询维护。

项目参与各方可以不受时间和空间的限制，来获得所需的质量信息。

4. 工程质量信息的存储

信息的存储一般要建立统一的数据库，各类数据以文件的形式组织在一起，一个项目要有统一的信息编码系统。

工程项目参建各方协调统一存储方式，以达到各方数据共享，减少数据冗余，保证数据的唯一性。

建设工程质量信息的加工、整理和存储，是信息系统流程的主要组成部分。信息处理流程大小根据工程情况决定。

5. 工程质量信息的检索

质量信息和数据的检索原则是：需要的部门和使用人，有权在需要的第一时间、方便地得到所需要的、以规定形式提供的一切信息和数据。

根据工程质量管理的需要划分决策、管理、执行 3 个层次，建立质量信息检索的范围、检索的密级划分、密码的管理。

提供检索需要的质量信息数据和信息输出形式，建立关键字智能检索功能。

三、水利空间信息管理与服务系统

（一）系统建设目标

系统建设目标为：①实现水利综合数据及其元数据的统一管理；②从宏观空间角度全面展示水利发展建设成果；③提供水利综合空间信息服务；④应用集成；⑤水利专项业务应用提供 GIS 功能支持；⑥系统安全与权限控制。

系统的最终用户为水利局及其下属各部门科室。涉及的人员主要包括领导、各部门科室负责人、科员、其他的系统浏览用户。

（二）数据组织

从系统功能及应用需求来看，系统建设需要有多样、多方面的空间地理数据和业务数据支持。所需数据主要包括城市基础地理数据（DLG、DEM、DOM 与数据栅格图）、水雨情数据、工情数据、水利专题图、应急保障数据、系统管理数据等。

1. 基础地理数据

基础地理数据的主要用途为：作为叠加水利专题地理数据的底图，给水利专题数据提供更宏观的空间位置参考和地物参考。

2. 水利专题地理数据

（1）水利业务数据

农村水利数据。包括小型农田水利重点县项目、现代农业项目、农村安全饮水项目。

防汛抗旱数据。包括防汛梯队信息表、梯队人员信息表、防汛物资储备库信息表、储备物资详细信息表。

（2）数据组织与整合

目前，常采用的数据信息的建库、管理模式在数据的应用上存在很多问题，如难以满足应用共享需求，不断重复建设等。因而很多行业或部门信息化建设都面临烟囱式建设模式的困境；系统所需的数据来自不同的部门，而且数据种类多样，如何有效地组织数据，并最大限度利用已有数据，进行异构数据的整合，实现海域数据无缝集成、高效管理、快速访问是系统成功建设与应用的基础。基于数字城市地理空间框架及本系统的特殊需求，通过构建数据访问服务层实现分布式、异构数据源的融合与快速访问，可全面满足上层业务系统对数据的需求。

（三）功能描述

1. 水文水资源信息管理

（1）水文站网可视化管理

水文站网可视化管理包括站网空间分布展示，站点搜索定位，站点基本信息查询、统计，实时监测数据浏览，观测站点信息更新。站点信息更新包括 2 个方面：一个是增加观测站点数据；另一个是修改已有站点基本信息，系统将分别提供相应的功能，以满足数据更新、维护需求。

（2）水资源量

水资源量包括历年降水量分布，地表水资源量统计信息，地下水埋深分布及监测。地下水埋深分布及监测包括历年市地下水埋深分区图展示，地下水监测井管理。

（3）水资源开发利用

水资源开发利用是水文水资源信息管理的核心内容之一，它涉及对水资源进行开发、利用和管理，以满足社会、经济和生态环境的需求。水资源开发利用要综合考虑水量、水质、水文环境、生态系统等因素，以确保水资源的合理分配和可持续利用。

（4）水质管理

水质管理是水文水资源信息管理中至关重要的一部分，它涉及监测、评估和维护水体的水质，以确保水源的健康和可持续利用。水质管理涉及监测水体中的各种物理、化学和生物参数，以确定水质是否达到了适当的标准和要求。

2. 水库信息管理

（1）水库查找

水库查找包括名称查找、空间查找。

（2）水库列表

水库列表系统将分区县、分类型（大型、中型、小型水库）提供全市所有水库名称列表，以方便用户进行水库信息的浏览、查询、更新等操作。

（3）水库基本信息管理

①水库概况：水库位置、名称、编码、类型、主管单位、工程建设信息、库容蓄水等。

②水库安全建设：除险加固情况、防洪情况。

③水库运行情况：水库作用、灌区情况、水库水情、水库水质等。

④其他：水库的图片资料、工程设计资料、水库历史运行记录等。

⑤水库附属水利设施：泵站、大坝、水闸、灌区等。

3. 河流信息管理

将 GIS 技术应用到中小河流管理中，使河流管理信息系统作为一项非工程措施，为中小河流的管理、规划、治理、防洪减灾、预报预警提供技术支持。系统提供市、镇多级别的河流数据管理以及河流基本信息的录入、编辑、查询定位、统计输出等功能，实现中小河流管理的信息化、规范化和高效化。

（1）河流分布

河流、河段信息：描述河流的分段及河段基本情况。

（2）河流水文信息

河流水文信息系统将对河流的历史水雨情信息、河道水位及横面流量信息进行有效管理。

（3）河道工程

河道工程提供对河道附属工程设施，如泵站、排污口、堤坝等的空间展示、查询、符号化等功能，查看防洪工程的分布、重要闸库、险工险段、跨河工程等信息。

4. 农村水利

（1）农村饮水安全工程

农村饮水安全工程包括各区县已建供水工程，各区县在建供水工程，各区县规划建设安全饮水工程。

（2）灌区管理

灌区空间管理：将由各个灌区区域展现在地图上，用户可直观地看到各区县灌区空间分布状况。在 GIS 技术支持下，用户可在地图界面上，采用多种操作，进行信息的检索、浏览。

（3）农田灌溉信息

农田灌溉信息包括各类灌溉面积的统计数据信息，通过这些数据从整体上了解市各区县农田灌溉情况、各乡镇基本农田灌溉方式，为进行农田灌溉建设及改进提供科学的基础数据支持。

5. 水利工程信息管理

该模块主要功能是实现市各类水利工程基础数据的管理，为用户提供水利工程空间位置分布展示、水利工程分类列表、水利工程查询、水利工程基本信息浏览、水利工程统计汇总等功能。

第三节 水利水电工程安全风险管理

一、施工安全评价与指标体系

（一）施工安全评价

1. 施工特点

水利水电工程施工与我们常见的建筑工程施工如公路建设、桥梁架设、楼体工程等有很多相似之处。例如，工程一般针对钢筋、混凝土、砂石、钢构、大型机械设备等进行施工，施工理论和方法也基本相同，一些工具器械也可以通用。同时相比于一般建筑工程施工而言，水利水电工程施工也有一些自身特点：①水利水电工程多涉及大坝、河道、堤坝、湖泊、箱涵等建设工程，环境和季节对工程的施工影响较大，并且这些影响因素很难进行预测并精确计算，这就为施工留下很大的安全隐患；②水利水电工程施工范围较广，尤其是线状工程施工，施工场地之间的距离一般较远，造成了各施工场地之间的沟通联系不便，使得整个施工过程的安全管理难度加大；③水利水电工程的施工场地环境多变，且多为露天环境，很难对现场进行有效的封闭隔离，施工作业人员、交通运输工具、机械工程设备、建筑材料的安全管理难度增加；④施工器械、施工材料质量也良莠不齐，现场的操作带来的机械危害也时有发生；⑤由于施工现场环境恶劣，招聘的工人普遍文化教育程度不高，专业知识水平不足，也缺乏必要的安全知识和保护意识，这也为整个项目的施工增加了安全隐患。综上所述，水利水电工程施工过程中存在着大量安全隐患，我们要增加安全意识，提高施工工艺的同时更应该采取科学的手段与方法对工程进行安全评价，发现安全隐患，及时发布安全预警信息。

2. 安全评价内容

安全评价起源于20世纪30年代，国内外诸多学者对安全评价的概念进行了概括和总结，目前，普遍接受的定义是《安全评价通则》：以实现安全为宗旨，应用安全系统的工程原理和方法，识别和分析工程、系统、生产和管理行为和社会活动中存在的危险和有害因素，预测判断发生事故和造成职业危害的可能性及其严重性，提出科学、合理、可行的安全风险管理对策建议。在国外，安全评价也称为风险评估或危险评估，它是基于工程设计和系统的安全性，应用安全系统的工程原理和方法，对工程、系统中存在的危险和有害因素进行辨识与分析，判断工程和系统发生事故和职业危害的可能性及其严重性，从而提供防范措施和管理决策的科学依据。

3. 安全评价的特点和原则

（1）安全评价的特点

安全评价作为保障施工安全的重要措施，其主要特点如下：

第一，真实性。进行安全评价时所采用的数据和信息都是施工现场的实际数据，保障了评价数据的真实性。

第二，全面性。对项目的整个施工过程进行安全评价，全面分析各个施工环节和影响因素，保障了评价的信息覆盖全面性。

第三，预测性。传统的安全管理均是事后工程，即事故发生后再分析事故发生的原因，进行补救处理。但是有些事故发生后造成的损失巨大且大多很难弥补，因此，我们必须做好全过程的安全管理工作，针对施工项目展开安全评价就是预先找出施工或管理中可能存在的安全隐患，预测该因素可能造成的影响及影响程度，针对隐患因素制定出合理的预防措施。

第四，反馈性。将施工安全从概念抽象成可量化的指标，并与前期预测数据进行对比，验证模型和相关理论的正确性，完善相关政策和理论。

（2）安全评价的原则

安全评价是为了预防、减少事故的发生，为了保障安全评价的有效性，对施工过程进行安全评价时应遵循以下原则：

第一，独立性。整个安全评价过程应公开透明，各评估专家互不干扰，保障了评价结果的独立性。

第二，客观性。各评价专家应是与项目无利益相关者，使其每次对项目打分评价均站在项目安全的角度，以保障评价结果的客观性。

第三，科学性。整个评价过程必须保障数据的真实性和评价方法的适用性，及时调整评价指标权重比例，以保障评价结果科学性。

（3）安全评价的意义

安全评价是施工建设中的重要环节。与日常安全监督检查工作不同，安全评价通过分析和建模，对施工过程进行整体评价，对造成损害的可能性、损失程度及应采取的防护措施进行科学的分析和评价，其意义体现在以下几个方面：

第一，有利于建立完整的工程建设信息底账，为项目决策提供理论依据。随着社会现代信息化水平的不断提高，工程须逐步完善工程建设信息管理，完善现有的评价模型和理论，为相关政策、理论的发展提供大数据支持，建立完善的信息底账意义重大，影响深远。

第二，对项目前期建设进行反馈，及时采取防护措施，使得项目建设更规范化、标准化。我国安全施工的基本方针是“安全第一，预防为主，综合治理”，对施工进行安全评价，弥补前期预测的不足，预防安全事故的发生，使得工程朝着安全、有序的方向发展，有助于完善工程施工的标准。

第三，减少工程建设浪费，避免资金损失，提高资金利用率和项目的管理水平。对施工过程进行安全评价不仅能及时发现安全隐患，更能预测隐患所能带来的经济损失，如果损失不可避免，及早发现可以合理地选择减少事故的措施，将损失降至最低，提高资金的利用率。

4. 安全评价方法

（1）定性分析法

第一，专家评议法。专家评议法是多位专家参与，根据项目的建设经验、当前项目建设情况以及项目发展趋势，对项目的发展进行分析、预测的方法。

第二，德尔菲法。德尔菲法也称为专家函询调查法，基于该系统的应用，采用匿名发表评论的方法，即必须不与团队成员之间相互讨论，与团队成员之间不发生横向联系，只与调查员之间联系，经过几轮磋商，使专家小组的预测意见趋于集中，最后做出符合市场未来发展趋势的预测结论。

第三，失效模式和后果分析法。失效模式和后果分析法是一种综合性的分析技术，主要用于识别和分析施工过程中可能出现的故障模式，以及这些故障模式发生后对工程的影响，从而制定出有针对性的控制措施以有效地减少施工过程中的风险。

（2）定量分析法

第一，层次分析法。层次分析法（简称 AHP 法）是在进行定量分析的基础上将与决策有关的元素分解成方案、原则、目标等层次的决策方法。

第二，模糊综合评价法。模糊综合评价法是一种基于模糊数学的综合评价方法。该方法根据模糊数学的隶属度理论的方法把定性评价转化为定量评价，即用模糊数学对受到多种因素制约的事物或对象做出一个总体的评价。

第三，主成分分析法。主成分分析法（PCA）也被称为主分量分析，在研究多元问题时，变量太多会增加问题的复杂性的分析，主成分分析法（PCA）是用较少的变量去解释原来资料中最原始的数据，将许多相关性很高的变量转化成彼此相互独立或不相关的变量，是利用降维的思想，将多变量转化为少数几个综合变量。

（二）评价指标体系的建立

1. 指标体系建立原则

影响水利水电工程施工安全的因素很多，在对这些评价元素进行选取和归类时，应遵循以下建立原则：①系统性。各评价指标要从不同方面体现出影响水利水电工程施工安全的主要因素，每个指标之间既要相互独立，又存在彼此之间的联系，共同构成评价指标体系的有机统一体。②典型性。评价指标的选取和归类必须具有一定的典型性，尽可能地体现出水利水电工程施工安全因素的一个典型特征。另外指标数量有限，更要合理分配指标的权重。③科学性。每个评价指标必须具备科学性和客观性，才能正确反映客观实际系统的本质，能反映出影响系统安全的主要因素。④可量化。指标体系的建立是为了对复杂系统进行抽象以达到对系统定量的评价，评价指标的建立也通过量化才能精确的展现系统的真实性，各指标必须具有可操作性和可比性。⑤稳定性。建立评价体系时，所选取的评价指标应具有稳定性，受偶然因素影响波动较大的指标应予以排除。

2. 评价指标的建立影响

水利水电工程施工安全的指标多种多样，经过调研，将影响安全的指标体系分为 3 类：人的风险、机械设备风险、环境风险。

（1）人的风险

在对水利水电工程施工安全进行评价时，人的风险是每个评价方法都必须考虑的问题。研究表明，由于人的不安全行为而导致的事故占 80%以上，水利水电工程施工大多是在一个有限的场地内集中了大量的施工人员、建筑材料和施工机械机具。施工过程人工操作较多，劳动强度较大，很容易由于人为失误酿成安全事故。

第一，企业管理制度。由于我国现阶段水利水电工程施工安全生产体制还有待完善，施工企业的管理制度很大程度上直接决定了施工过程中的安全状况，管理制度决定了自身安全水平的高低以及所用分包单位的资质，其完善程度直接影响到管理层及员工的安全态度和安全意识。

第二，施工人员素质。施工人员作为工程建设的直接实施者，其素质水平直接制约着施工的成效，施工人员的素质主要包括文化素质、经验水平、宣传教育、执行能力等。施工人员受文化教育的情况很大程度上影响着施工操作规范性以及对安全的认识水平；水利水电工程施工的特点决定了施工过程烦琐，面对复杂的施工环境，施工人员的经验水平直接影响到能不能对施工现场的危险因素进行快速、准确的辨识；整个施工队伍人员素质良莠不齐，对安全的认识水平也普遍不高，公司的宣传教育力度能大大增加人员的安全意识；安全施工规章、制度最终要落实到具体施工过程中才能取得预期的效果。

第三，施工操作规范。施工人员必须经过安全技术培训，熟知和遵守所在岗位的安全技术操作规程，并应定期接受安全技术考核，针对焊接、电气、空气压缩机、龙门吊、车辆驾驶以及各种工程机械操作等岗位人员，必须经过专业培训，获得相关操作证书后方能持证上岗。

第四，安全防护用品。加强安全防护用品使用的监督管理，防止安全帽、安全带、安全防护网、绝缘手套、口罩、绝缘鞋等不合格的防护用品进入施工场地。根据《建筑法》《安全生产法》及地方相关法规定，在一些场景必须配备安全防护用具，否则不允许进入施工场地。

（2）机械设备风险

水利水电工程施工是将各种建筑材料进行整合的系统过程，在施工过程中需要各种机械设备的辅助，机械设备的正确使用也是保障施工安全的一个重要方面。

第一，脚手架工程。脚手架既要满足施工需要，且又要为保证工程质量和提高工效创造条件，同时还应为组织快速施工提供工作面，确保施工人员的人身安全。脚手架要有足够的牢固性和稳定性，保证在施工期间对所规定的荷载或在气候条件的影响下不变形、不摇晃、不倾斜，能确保作业人员的人身安全；要有足够的面积满足堆料、运输、操作和行走的要求；构造要简单，搭设、拆除并且搬运要方便，使用要安全。

第二，施工机械器具。施工过程使用的机械设备、起重机械（包含外租机械设备及工具）应采取多种形式的检查措施，消除所有损坏机械设备的行为，消除影响人身健康和安全的因素和使环境遭到污染的因素，以保障施工安全和施工人员的健康，形成保证体系，明确各级单位安全职责。

第三，消防安全设施。参照相关规定在施工场地内安设消防设施，适时展开消防安全专项检查，对存在安全隐患的地方发出整改通知书，制订整改计划，限期整改。定期进行防火安全教育，检查电源线路、电器设备、消防设备、消防器材的维护保养情况，检查消防通道是否畅通等。

第四，施工供电及照明。高低压配电柜、动力照明配电箱的安装必须符合相关标准要求，电气管线保护要采用符合设计要求的管材，特殊材料管之间连接要采用丝接方式。电缆设备和灯具的安装要满足施工规范，做好防雷设施。

（3）环境风险

由水利水电工程施工的特点可知，施工环境对施工安全作业也有很大影响。施工环境又是客观存在的，不会以人的意志为转移，因此，面对复杂的施工环境，只能采取相应的控制措施，尽量削弱环境因素对安全工作的不利影响。

第一，施工作业环境。施工作业环境对人员施工有着很大影响，当环境适宜时人们会进入较好的工作状态，相反，当人们处于不舒适的环境中时，会影响工人的作业效率，甚至导致意外事故的发生。

第二，物体打击。作业环境中常见的物体打击事故主要有以下几种：高空坠物、人为扔杂物伤人、起重吊装物料坠落伤人、设备运转飞出物料伤人、放炮乱石伤人等。

第三，施工通道。施工通道是建筑物出入口位置或者在建工程地面入口通道位置，该位置可能发生的伤亡事故有火灾、倒塌、触电、中毒等，在施工通道建设时要防止坍塌、流沙、膨胀性围岩等情况。该位置的施工为了防止物体坠落产生的物体打击事故，防护材料及防护范围均应满足相关标准。

二、项目风险管理方法

（一）项目风险

1. 项目风险的含义

在日常生活中，我们经常谈论到风险（Risk）一词，人们经常从不同的角度来理解风险的含义。风险既是一种概率事件，又代表一种不肯定性，它是一种潜在的、对将来有可能发生并造成损害的判断和推测。一般来说，风险的概念是指损害的不明确性。它是指在一定期限内和特定条件下发生的各项可能的变化幅度。但这一概念，还没有在经济领域、决策分析领域、保险界形成一个公认的定义。

2. 项目风险的特征

工程施工建设项目是一项繁杂的系统工程。而项目风险则是在项目施工建设这一特定的环境下发生的，工程项目风险与项目建设活动息息相关，通过对工程项目风险特征的研究能够使我们深刻认识到工程项目风险的独特性。

风险是普遍存在的客观因素。风险发生的不确定性，超出了人的主观意识并独立存在，它贯穿于项目发展的全过程。人类一直渴望采取一种有效的控制方法和手段，来降低或消除风险，但至今为止也只是在一定区域内改变其存在和发展的环境，减少其发生的次数，降低其造成的损失程度，而不能从根本上消除风险。

水利水电建设施工项目的开发时间长、投资额大、工程施工区域广，受环境、地质条件、资金、进度、质量、安全等多方面的影响，风险因素种类繁多且复杂，各种各样的风险存在于施工建设的各个环节中。各类风险之间关系的复杂性以及与项目建设的交叉影响，使得风险具备不同的层次。

风险和收益可以相互转化。风险和收益是相辅相成的，可以同时存在。高收益一定伴随着高风险。任何事情和行为的发生都有它存在的原因和相应的结果。在一定的环境下，风险和收益能够相互顺利转化。随着人们对风险因素的辨识能力增强，逐渐能够有效地认识、分析、抵制和控制风险，就能在一定程度上降低项目风险带来的损失范围和程度及项目风险的不确定性程度。

（二）项目风险管理

项目风险管理是项目管理研究的一个重要内容，也是风险管理理论在建设项目管理领域的发展与应用。近年来，随着全球范围内工程建设的持续繁荣，工程项目建设过程的安全风险管理已成为项目管理研究领域中一个尤为突出的问题。如何做好工程项目风险管理工作、减少发生概率和降低风险损失，成为目前工程建设项目管理的重要议题。期刊上工程项目风险管理论文的不断涌现也表明了学术界和工业界对工程项目风险管理研究与实践的重视。

1. 项目风险管理的定义

项目风险管理是指对项目风险从认识、辨别、衡量项目风险，策划、编制、选择风险管理方案等一系列程序，是一个动态循环、系统完整的过程。

要认识项目风险，就必须了解风险的特征。风险的潜在特征，容易使人们忽视它的存在，导致发生的概率增加和损失增大；它的客观性，也使得人们只能采取一些措施使其潜在风险最小化，并不能完全消除；它的主观特性，会使其受到特定环境的影响而变化；它的可预见性，能够让我们通过一系列的管理方法，来减少项目风险的不确定性。

2. 建设工程项目风险管理的特征

工程项目建设活动是一项错综复杂的，具备多学科知识的综合性系统工程，涉及社会、自然、经济、技术、系统管理等多门学科。项目风险管理是在项目施工建设这一特定范围内发生的，与项目建设的各项工作联系紧密，通过对项目风险系统特性的研究，能更加清楚地认识到项目风险管理的独特性。建设工程项目风险管理的风险来源、风险的发生过程、风险潜在的破坏能力、风险损失的波及范围以及风险的破坏力复杂多样，仅凭单一的管理理论或单一的工程技术、合同、组织、教育等措施来进行管理都有其一定的局限，必须采用全方位、多元化的方法、手段，才能以最少的成本得到最大的效益。

建设工程项目风险管理有其特征。项目风险控制是一项具有综合性的高端管理工作，它涉及项目管理的全过程和各个方面，项目管理的各个子系统必须与安全、质量、进度、合同管理相融合；不同的风险处理方法也不尽相同。项目风险之间对立统一、相辅相成，通过项目特殊的环境和方法进行结合，形成特定的综合风险。只有对项目管理系统以及系统的环境进行深入、细致的了解，才可能采取切实可行的应对措施，进行有效的风险管理。风险管理实质上是做好事前控制，其目的就是依据过去的经验教训，采取概率分析法对将要发生的情况进行预测，据此采用相应的应对措施。

工程项目风险管理在不同阶段随项目建设的不断进展，各种风险依次相继显现或消亡，它必须与建设项目所在行业、施工区域、施工环境、项目的复杂性等条件进行全方位的综合考虑。任何系统都有其生存的特殊环境，施工环境不同，同一类型的项目风险因素造成的影响也存在差异。风险管理应该以投资安全为核心，采取更加有效的风险控制、监控措施，降低风险的发生概率，减少事故损失，保证工程项目目标的圆满完成。

3. 项目风险的管理过程

项目风险管理过程，一般由若干个阶段组成，这些阶段不仅相互作用，而且也相互影响。对于项目风险管理过程的认识，不同的组织和个人有不同的认识。

根据我国对项目管理的定义和特性的研究，将风险的过程分为风险规划、风险识别、风险分析与评估、风险处理和风险监控几个阶段：

（1）项目风险管理规划

风险管理规划是指在进行风险管理时，对项目风险管理的流程进行规划，并形成书面文件的一系列工作。风险规划采取一整套切实可行的方法和策略，对风险项目进行辨别和追踪。制定出风险因素的应对方法，对施工项目开展风险评估，以此来推断风险变化的状况。风险规划主要考虑的因素有：风险策略、预定角色、风险容忍程度、风险分解结构、风险管理指标等。

风险管理规划过程是设计和进行风险管理活动内容的依据，表达了在风险管理规划过程中内部与外部活动的相互作用。风险管理规划的方法有：风险管理图表法、项目工作分解结构（WBS）。

风险管理规划一般包括以下几项内容：①通过调查、研究，对可能存在的潜在风险及损失进行分析、辨识；②对已经辨识的风险采取科学有效的方法进行定量的估计和评价；③研究可能减少风险的措施方案，对其可操作性、经济性进行考虑，评估残留风险因素对项目造成的影响；④初步制订风险因素的动态管理计划及监控方案；⑤根据项目实际的变动状况，对现在执行的风险规划进行追踪并做出修改。

（2）项目风险管理识别

风险识别是项目管理者识别风险来源、确定风险发生条件、描述风险特征并评价风险影响的过程。有风险来源、风险事件和风险征兆 3 个相互关联的因素。

风险识别的目的主要是方便评估风险危害的程度以及采取有效的应对方案。风险具有隐蔽性，而人们无法观察到存在的内在危险，往往被表面现象迷惑。因此，风险识别在风险管理中显得尤为重要。管理风险的第一步是识别风险，要充分考虑到风险造成的危害程度及潜在损失，只有正确进行了识别，才能有效地采取措施来控制、转移或管理风险。进行风险识别的主体范围较广，包括工程项目责任方、风险管理组、主要持股人、主管风险处理的责任人以及风险负责人等。在对风险进行识别时，风险识别主体要确定风险类型、影响范围、存在条件、因素、地域特点、类别等各方面内容。

风险识别具备的全员性、整体性、动态变化、综合性等特点，决定了风险管理识别的首要步骤是对各种风险因素和可能发生的风险事件进行分析。重点分析项目中有哪些潜在的风险因素。这些因素引发的危害程度多大。这些风险造成的影响范围及后果有多大。任何忽视、无限扩大和压缩项目风险的范围、种类和后果的做法都会给项目带来极大的影响。

风险识别主要采用专家调查法、故障树法、风险分析问询法、德尔菲法、头脑风暴法、情景分析法、SWOT 分析法和敏感性分析法等来进行有效辨别。其中专家调查法是邀请专家查找各种的风险因素，并对其危险后果做出定性估量。故障树法是采用图标的方式将引起风险发生的原因进行分解，或把具有较大危害的风险分解成较小的、具体的风险。

风险识别就是从项目的整体系统入手，贯穿工程项目的各个方面和整个发展过程，将导致风险事件发生的复杂因素细化为易识别的基础单位。从众多的关系中抓住关键要素，分析关键要素对项目建设的影响。通常包括资料的收集与风险形势估计 2 个步骤。

工程项目的全面风险管理的首要步骤是风险识别，它在风险管理控制中有着承上启下的作用。

（3）项目风险管理

风险分析是由工程项目风险管理人员应用风险分析工具、风险分析技术，根据各种风险因素的类别，对风险存在的条件和发生的期限、地点，风险造成的危害影响和损失程度，风险发生的概率、危害程度以及风险的可控性进行分析的过程。目前，风险管理分析的主要方法包括决策树法、模糊分析法等。

所谓决策树法，就是运用图形来表示各决策阶段所能达到的预期值，通过核算，最终筛选出效益最大、成本最小的方法；决策树法是随机决策模型中最常使用的，能有效控制决策风险。

(4) 项目风险管理评估

项目风险评价是以项目风险识别和分析为基础，运用风险评价特有的系统模型，对各种风险发生的概率及损失的大小进行估算，对项目风险因素进行排序的过程，为风险应对措施的合理性提供科学的依据。工程项目风险评价的标准有项目分类、系统风险管理计划、风险识别应有的效果、工程进展状况等。进行分析与评价的数据应准确和可靠。

风险评估又称风险测定、估算、测量。它是对已经识别、分析出来的风险因素的权重进行检测，对一定范围内某一风险的发生测算出概率。主要目的是比较、评估项目各实施方案或施工措施所造成的风险发生的概率和损失大小程度，以便从中选择最优化的方案。

风险识别之后才能实施风险评估计划，它是对已存在的工程项目风险因素进行量化的过程。人们将已分类的、经过辨别的风险，综合考虑风险事件发生的概率和引起损失的后果，按照其权重进行排序。通过风险识别能够加深风险管理人员对工程项目本身和所在环境的了解，可以使人们用多种方法来加强对施工过程中存在的风险因素进行控制。

风险评估工作一般是由经过培训的专业人员来进行的，但在施工企业内部基本上是由工程项目部的计划、财务、安全、质量、进度控制等部门人员分别实施的。他们利用所掌握的风险评估方法与工具，对承担的工程项目的目标工期、进度要求、质量要求、安全目标等方面加以评估，对安全风险因素进行定量预测。风险评估在项目风险管理研究中是一个热门话题。目前，风险评估的方法主要有综合评价法、模糊评价法、风险图法、模拟法和主观概率法等。

(5) 项目风险管理处置

对项目进行风险处置就是对已辨识的风险因素，通过采取减轻、转移、回避、自留和储备等风险应对手段，来降低风险的损失程度，减少风险事件的发生。不同的风险类型有不同的应对处理方式。风险处置由专业的管理人员来处理，主要包括对风险因素的辨识、风险事件发生的原因分析、可采取的措施的成本分析、处理风险的时间以及对后续工程的影响程度等。风险管理处置的风险控制是指采取相应技术措施，降低风险事件造成的影响。

(6) 项目风险管理监控

风险监控就是通过一系列行之有效的方法和手段，对项目实施进行策划、分析识别、应对处置，来保证风险管理目标的实现。其目的是检查应对措施的实际效果是否与所设想的效果相同；寻找进一步细化和完善风险处理措施的机会，从中得到信息的反馈，以便使将来的决策方法更加符合实际情况。

风险监控由风险管理人员实施，主要是利用风险监控工具和技术，对已发现或潜在的问题及时提出警告，进行反馈。风险监控实际上是一个实时的、连续的、不间断的过程。它主要采取审核检查法、项目风险报告、赢得值法等方法。

三、水利水电工程建设项目风险管理措施

（一）水利水电工程风险识别

在水利水电工程建设中实施风险识别是水电建设项目风险控制的基本环节，通过对水电工程存在的风险因素进行调查、研究和分析辨识后，查找出水利水电工程施工过程中存在的危险源，并找出减少或降低风险因素向风险事故转化的条件。

1. 水利水电工程风险识别方法

风险识别方法大致可分为定性分析、定量分析、定性与定量相结合的综合评估方法。定性风险分析是依据研究者的学识、经验教训及政策走向等非量化材料，对系统风险做出决断。定量风险分析是在定性分析的研究基础上，对造成危害的程度进行定量的描述，可信度增加。综合分析方法是把定性和定量两种方式相结合，通过对最深层面受到的危害的评估，对总的风险程度进行量化，能对风险程度进行动态评价。

（1）定性分析方法

定性风险分析方法有头脑风暴法、德尔菲法、故障树法、风险分析问询法、情景分析法。在水利水电项目风险管理过程中，主要采用以下 3 种方法：

第一，头脑风暴法。又叫畅谈法、集思法。通常采用会议的形式，引导参加会议的人员围绕一个中心议题，畅所欲言，激发灵感。一般由班组的施工人员共同对施工工序作业中存在的危险因素进行分析，提出处理方法。主要适用于重要工序，如焊接、施工爆破、起重吊装等。

第二，德尔菲法。通常采用试卷问题调查的形式，对本项目施工中存在的危险源进行分析、识别，提出规避风险的方法和要求。它具有隐蔽性，不易受他人或其他因素影响。

第三，LEC 法。根据 D=LEC 公式，依据 L——发生事故的概率、E——人员处于危险环境的频率、C——发生事故带来的破坏程度，赋予三个因素不同的权重，来对施工过程的风险因素进行评价的方法。其中：

L 值：事故发生的概率，按照完全能够发生、有可能发生、偶然能够发生、发生的可能性小除了意外、很不可能但可以设想、极不可能、实际不可能共 7 种情况分类。

E 值：处于危险环境频率，按照接连不断、工作时间内暴露、每周 1 次或偶然、每月 1 次、每年几次、非常罕见共 6 种情况分类。

C 值：事故破坏程度，按照 10 人以上死亡、3~9 人死亡、1~2 人死亡、严重、重大伤残、引人注意共 6 种情况分类。

（2）定量分析方法

第一，风险分解结构法（RBS）。

RBS 是指风险结构树。它将引发水利水电建设项目的风险因素分解成许多“风险单元”，这使得水电工程建设风险因素更加具体化，从而更便于风险的识别。

风险分解结构（RBS）分析是对风险因素按类别分解，对投资影响风险因素系统分层分析，并分解至基本风险因素，将其与工程项目分解之后的基本活动相对应，确定风险因素对各基本活动的进度、安全、投资等方面影响。

第二，工作分解结构法（WBS）。

WBS 主要是通过对工程项目的逐层分解，将不同的项目类型分解成为适当的单元工作，形成 WBS 文档和树形图表等，明确工程项目在实施过程中每一个工作单元的任务、责任人、工程进度以及投资、质量等内容。

WBS 分解法的核心是合理科学地对水电工程工作进行分解，在分解过程中要贯穿施工项目全过程，同时又要适度划分，不能划分得过细或者过粗。划分原则基本上按照招投标文件规定的合同标段和水电工程施工规范要求进行。

（3）综合分析方法

第一，概率风险评估。

概率风险评估是定性与定量相结合的方法，它以事件树和故障树为核心，将其运用到水电建设项目的安全风险分析中。主要是针对施工过程中的重大危险项目、重要工序等进行危险源分析，对发现的危险因素进行辨识，确定各风险源后果大小及发生风险的概率。

第二，模糊层次分析法。

模糊层次分析法是将 2 种风险分析方法相互配合应用的新型综合评价方法。主要是将风险指标系统按递阶层次分解，运用层次分析法确定指标，按各层次指标进行模糊综合评价，然后得出总的综合评价结果。

2. 水利水电工程风险识别步骤

①对可能面临的危害进行推测和预报。②对发现的风险因素进行识别、分析，对存在的问题逐一检查、落实，直至找到风险源头，将控制措施落到实处。③对重要风险因素的构成和影响危害进行分析，按照主要、次要风险因素进行排序。④对存在的风险因素分别采取不同的控制措施、方法。

（二）水利水电工程风险评估

在对水利水电建设工程的风险进行识别后，就要对水利水电工程存在的风险进行估计，要遵循风险评估理论的原则，结合工程特点，按照水电工程风险评估规定和步骤来分析。水电工程项目风险评估的步骤主要有以下 4 个方面：①将识别出来的风险因素，转化为事件发生的概率和机会分布；②对某一种单一的工程风险可能对水电工程造成的损失进行估计；③从水利水电工程项目的某种风险的全局入手，预测项目各种风险因素可能造成的损失度和出现概率；④对风险造成的损失的期望值与实际造成的损失值之间的偏差程度进行统计、汇总。

一般来说，水利水电工程项目的风险主要存在于施工过程当中。对于一个单位施工工程项目来说，主要风险是设计缺陷、工艺技术落后、原材料质量以及作业人员忽视安全造成的风险事件，而气候、恶劣天气等自然灾害造成的事故以及施工过程中对第三者造成伤害的机会都比较小，一旦发生，会对工程施工造成严重后果。因此，对水利水电工程要采取特殊的风险评价方法进行分析、评价。

（三）水利水电工程风险应对

水利水电工程建设项目风险管理的主要应对方案有回避、自留、转移 3 种方式。

1. 水利水电工程风险回避

主要是采取以下方式进行风险回避：①所有的施工项目严格按照国家招投标法等有关规定，进行招投标工作；从中选择满足国家法律、法规和强制性标准要求的设计、监理和施工单位。②严格按照国家关于建设工程等有关工程招投标规定，严禁对主体工程随意肢解分包、转包，防止将工程分包给没有资质资格的皮包公司。③根据现场施工状况编制施工计划和方案。施工方案在符合设计要求的情况下，尽量回避地质复杂的作业区域。

2. 水利水电工程风险自留

水利水电建设方（业主）根据工程现场的实际情况，无法避开的风险因素由自身来承担。这种方式事前要进行周密的分析、规划，采取可靠的预控手段，尽可能将风险控制在可控范围内。

3. 水利水电工程风险转移

水电工程项目中的风险转移，行之有效且经常采用的方式是质保金、保险等方式。在招投标时为规避合同流标而规定的投标保证金、履约保证金制度；在施工过程中为了杜绝

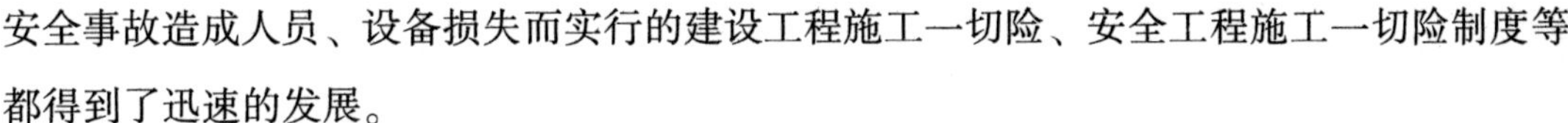

安全事故造成人员、设备损失而实行的建设工程施工一切险、安全工程施工一切险制度等都得到了迅速的发展。

（四）水利水电工程安全管理

在水利水电工程项目建设中推行项目风险管理，对减少工程安全事故的发生，降低危害程度具有深远的意义和重大影响。在工程建设施工过程中，如何将风险管理理论与工程建设实际相结合，使水利水电工程建设项目的风险管理措施落到实处，将工程事故的发生概率和损害程度降到最低，是当前水利水电工程项目管理的首要问题。我国多年的工程建设管理经验、教训告诉我们，在水利水电工程建设项目施工过程中预防事故的发生，降低危害程度，最大限度地保障员工生命财产安全，必须建立安全生产管理的长效机制。

风险管理理论着眼于项目建设的全过程的管理，而安全生产管理工作着重于施工过程的管理，强调“人人为我，我为人人”的安全理念，在生产过程中实行安全动态管理，加强施工现场的安全隐患排查和治理。风险管理理论是安全生产管理的理论基础，安全生产管理是风险管理理论在工程建设施工过程的具体应用，因此，更具有针对性和实践性。

参考文献

[1] 贾洪彪．水利水电工程地质［M］．武汉：中国地质大学出版社，2018.

[2] 魏温芝，任菲，袁波．水利水电工程与施工［M］．北京：北京工业大学出版社，2018.

[3] 张志坚．中小水利水电工程设计及实践［M］．天津：天津科学技术出版社，2018.

[4] 高占祥．水利水电工程施工项目管理［M］．南昌：江西科学技术出版社，2018.

[5] 王东升，徐培蓁．水利水电工程施工安全生产技术［M］．徐州：中国矿业大学出版社，2018.

[6] 王东升，常宗瑜．水利水电工程机械安全生产技术［M］．徐州：中国矿业大学出版社，2018.

[7] 谢向文，马若龙．水利水电工程地下岩体综合信息采集技术：钻孔地球物理技术原理与应用［M］．郑州：黄河水利出版社，2018.

[8] 邱祥彬．水利水电工程建设征地移民安置社会稳定风险评估［M］．天津：天津科学技术出版社，2018.

[9] 薛桦．水利水电工程施工技术［M］．郑州：黄河水利出版社，2018.

[10] 刘世煌．水利水电工程风险管控［M］．北京：中国水利水电出版社，2018.

[11] 袁俊周，郭磊．水利水电工程与管理研究［M］．郑州：黄河水利出版社，2019.

[12] 高明强，曾政，王波．水利水电工程施工技术研究［M］．延吉：延边大学出版社，2019.

[13] 沈继华，胡慨．水利水电工程：2019 版［M］．北京：中国财政经济出版社，2019.

[14] 王东升，杨松森．水利水电工程安全生产法律法规［M］．北京：中国建筑工业出版社，2019.

[15] 张逸仙，杨正春，李良琦．水利水电测绘与工程管理［M］．北京：兵器工业出版社，2019.

［16］王东升，徐培蓁．水利水电工程施工安全生产技术［M］．北京：中国建筑工业出版社，2019.

［17］王洪海．水利水电建设项目施工期环境管理［M］．西宁：青海民族出版社，2019.

［18］刘春艳，郭涛．水利工程与财务管理［M］．北京：北京理工大学出版社，2019.

［19］刘志强．水利水电建设项目环境保护与水土保持管理［M］．昆明：云南大学出版社，2020.

［20］王海龙．水利水电建设项目环境保护与水土保持监理工作指南［M］．昆明：云南大学出版社，2020.

［21］唐涛．水利水电工程［M］．北京：中国建材工业出版社，2020.

［22］朱显鸽．水利水电工程施工技术［M］．郑州：黄河水利出版社，2020.

［23］崔洲忠．水利水电工程管理与实务［M］．长春：吉林科学技术出版社，2020.

［24］闫国新．水利水电工程施工技术［M］．郑州：黄河水利出版社，2020.

［25］代培，任毅，肖晶．水利水电工程施工与管理技术［M］．长春：吉林科学技术出版社，2020.

［26］陈云华，唐文哲，王继敏．大型水电 EPC 项目建设管理创新与实践［M］．北京：中国水利水电出版社，2020.

［27］陈邦尚，白锋．水利工程造价［M］．北京：中国水利水电出版社，2020.

［28］何俊主．水利工程造价［M］．郑州：黄河水利出版社，2020.

［29］宋美芝，张灵军，张蕾．水利工程建设与水利工程管理［M］．长春：吉林科学技术出版社，2020.

［30］刘桂林，王帅，周海鹏．水运工程项目管理［M］．北京：中国水利水电出版社，2020.